U0586522

慎独慎行

南怀瑾人生哲学

项前 ◎ 著

中华工商联合出版社

图书在版编目（CIP）数据

慎独慎行／项前著 . -- 北京：中华工商联合出版社，2015.12

ISBN 978 - 7 - 5158 - 1481 - 0

Ⅰ. ①慎… Ⅱ. ①项… Ⅲ. ①成功心理 - 通俗读物

Ⅳ. ①B848.4 - 49

中国版本图书馆 CIP 数据核字（2015）第 248761 号

慎独慎行

作　　　者：	项　前
责任编辑：	吕　莺　张淑娟
封面设计：	信宏博
责任审读：	李　征
责任印制：	迈致红
出版发行：	中华工商联合出版社有限责任公司
印　　刷：	唐山富达印务有限公司
版　　次：	2015 年 12 月第 1 版
印　　次：	2022 年 2 月第 2 次印刷
开　　本：	710mm × 1020mm　1/16
字　　数：	245 千字
印　　张：	13.75
书　　号：	ISBN 978 - 7 - 5158 - 1481 - 0
定　　价：	48.00 元

服务热线：010 - 58301130

销售热线：010 - 58302813

地址邮编：北京市西城区西环广场 A 座
　　　　　19 - 20 层，100044

http：//www.chgslcbs.cn

E-mail：cicap1202@ sina.com（营销中心）

E-mail：gslzbs@ sina.com（总编室）

前　言

　　人生在世，谁都想取得成功，获得幸福，但不是每个人都可以感受到幸福。因为人生充满变数，挫折与困难随处可见，不如意之事十之八九，是积极地应对还是消极地承受，完全取决于自己的态度。有的人胸怀宽广，他们的幸福感就强些；有的人心胸狭窄，他们的幸福感就会少些。

　　追求幸福，需要智慧。有的人机关算尽，费尽心机，甚至不择手段，但是结果却与本意适得其反，成功、幸福常与他们擦身而过。究其原因，是他们不知道取得成功、获得幸福究竟需要哪些智慧，也不知道要想幸福究竟需要自己付出什么。

　　事实上，人要想取得成功、获得幸福，必须要解决好三个方面的问题，即拥有健康的心态、良好的性格、正确的行为。日常生活中，很多人也在为修炼行为、心态、性格努力，但是由于他们找不到正确的方法，也缺少这方面的智慧，所以在三者的修炼上都没取得想要的进展。

而南怀瑾在这方面，以其独到的人生哲学和智慧告诉我们：人的成功与失败，虽也受环境的影响，然而，影响最大的，还是在于自己的心理健康、行为健康；人在一生的奋斗中，最难克服的敌人就是自己，特别是自己的执迷不悟与妄自尊大。他说，"人最大的敌人，不是别人，而是自己。只要能够掌握思想，养成正确的习惯，我们就可以掌握自己的命运，而且每个人都可以做到。"

所以，战胜自己，就要克制内心，不为物欲所蔽，不为杂念所侵，不为邪恶所乱，慎独慎行。这样，才能一心一意地去做好自己该做的事。

纵观人生的成与败，很多人差就差在心中的"一念"上，能正其道而做事，就容易成功，若一念之间有所差错，背其道而行，就可能成为失败者，给自己带来无限的悔恨。

因此，我们要注意修炼自己的内心，不好逸恶劳，不贪图虚荣享受，要自省自勉，把一切贪恋、腐朽、浮嚣、恶念、怨恨完全除掉，化为一股积极的力量，使自己有一颗勇敢的、诚实的、慈悲的、仁爱的心，努力去获得自己所期望的人生。只有这样，我们的行为、心态、性格才能达到一定高度，我们才能取得成功，获得幸福。

如果你愿意借鉴本书中的理念，在生活中采取积极主动的行为，不断去完善自己的修养，进而养成习惯的话，你所付出的努力就一定能够帮助你在人生道路上不断地取得成功，获得幸福，从而使你受益终生。

目　录

第五章　常除两种病：自私，虚荣

第六章　常备两剂方：自我反省，自新进步

第一章

常施两样恩：怜悯，宽容

一个人有了宽广的胸怀，才会有大的境界

南怀瑾曾说，很多人看似强大，但内心十分渺小，他们终其一生都走不出自己狭隘的小圈子，因为他们十分计较别人对自己的"指责"。而能够容忍别人的缺点，以宽仁为怀，其实是一个人非常优秀的品质。

的确，纵观历史，诸多成功者、成大事者就是凭借着对他人的宽仁、宽容而广得人心，千古留名。

在中国古代，很多贤达的人都是以宽容豁达地对待别人而赢得了声名显赫的名望，明宣宗时的宰相夏原吉的做法就值得称道。

夏原吉是江西德兴人，他为人宽厚，有古君子之风。即便做了宰相，也对下人十分地仁慈宽容。

有一次，夏原吉巡视苏州，婉谢了地方官的招待，只在客店里进食。厨师做菜太咸，使他无法入口，他仅吃些白饭充饥，并不说出原因，以免厨师受责。随后，他巡视淮阴，在野外休息的时候，不料马突然跑了，随从追去了好久，都不见回来。夏原吉不免有点担心，适逢有人路过，他便

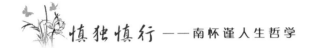

向人问道:"请问,你看见前面有人在追马吗?"话刚说完,没想到那人却怒目对他答道:"谁管你追马追牛?走开!我还要赶路。我看你真像一头笨牛!"这时,随从正好追马回来,一听这话,立刻抓住那人,厉声呵斥,要他跪着向宰相赔礼。可是夏原吉阻止道:"他也许是赶路辛苦了,所以才急不择言。"说完,便笑着把他放走了。

还有一次,一个老仆人弄脏了皇帝赐给他的金缕衣,吓得准备逃跑。夏原吉知道了,便对他说:"衣服弄脏了,可以清洗,跑什么?"又有一次,一个奴婢不小心打破了他心爱的砚台,躲着不敢见他,他便派人安慰她说:"任何东西都有损坏的时候,我并不在意这件事呀!"他的家中不论上下,都很和睦地相处在一起。

当他告老还乡的时候,寄居途中旅馆,一只袜子湿了,他命伙计去烘干。伙计不慎,袜子被火烧坏,伙计不敢报告;过了好久,才托人请罪。他笑着说:"怎么不早告诉我呢?"说着就把剩下的一只袜子也丢进垃圾桶里。他回到家乡以后,每天和农人、樵夫一起谈天说笑,显得非常亲切,不知道的人,谁也看不出他是曾经做过朝廷宰相的人。

古往今来,很多的贤臣名将都有宽大的胸怀。他们不会计较别人鸡毛蒜皮的过失,也不会枉费时间和精力在生活中吹毛求疵地苛责他人,他们对生活、对他人充满了宽容的理解、温和的体谅,这种波澜不惊的气度、广阔无边的胸怀让他们备受崇敬。

我们都读过《三国演义》，在曹操与张绣合作的故事中，曹操宽宏大量的大将风度也使得我们看到了这位枭雄的另一面。

张绣是曹操的死敌，两个人有着深仇大恨，曹操的儿子和侄子都死于张绣之手。但是，在官渡之战前，为了打败袁绍，曹操考虑到张绣独特的指挥才能，主动放弃过去的恩恩怨怨，与张绣联合，并封张绣为扬成大将军。他对张绣说："有小过失，勿记于心。"张绣深受感动，后来在官渡之战和讨伐袁绍的战役中，十分卖力。

纵观历史我们会发现，其实征服一个人很多时候不是靠武力，以宽怀之大度攻心才是最有力的武器。生活中我们也不难发现，宽广的胸怀可以使敌对、紧张和不愉快的情绪化为乌有；可以让对手产生歉疚感，主动向你"示好"甚至"臣服"。所以，南怀瑾说得好，越是睿智的人，越是胸怀宽广，越是大度能容天下事的人。因为这种人洞明世事、练达人情，看得深、想得开、放得下；也因为他们非常聪明地发现："处世让一步为高，退步即进步的根本；待人宽一分是福，利人是利己的根基。"而这正是人生的大智慧，这样的人才是更好地理解了生活的人。

同样，胸怀宽广的另一个涵义是不要过于在意别人的看法。有一句话叫"世上本无事，庸人自扰之"。如果你太在乎别人怎么说，太在乎别人怎么看，太怕别人责怪而自责，太怕别人取笑而自卑，甚至是太怕难堪而自闭，那就会强加给自己更多的苦恼，这样的生活是"划不来的"。

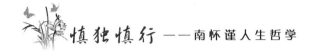

南怀瑾曾讲过这样一个故事：

白云守端禅师有一次和他的师父杨岐方会禅师对坐，杨岐问："听说你过去的师父茶陵郁和尚大悟时说了一首偈，你还记得吗？"

"记得，记得。"白云答道："那首偈是：'我有明珠一颗，久被尘劳关锁，一朝尘尽光生，照破山河星朵。'"白云的语气中带有几分得意。

杨岐听后，大笑数声，然后一言不发地走了。

白云怔在那里，不知道师父为什么笑，他想了半天，没想出原因，心里开始愁烦，此后整天都在思索师父的笑，却怎么也想不出他大笑的含意。

晚上，白云辗转反侧，怎么也睡不着。第二天他实在忍不住了，大清早去问师父为什么笑。

杨岐禅师笑得更开心了，对着失眠而眼眶发黑的弟子说："我觉得好笑就笑了，难道你怕人笑？"白云听了，豁然开朗。

这个故事说明有些事不用琢磨，每个人考虑事情会不一样，表现方式也会不同。

南怀瑾非常懂得胸怀宽广的宽容之道，所以他的境界很高，远非我们这些一般人所能达到，但我们可以听从他的智慧之言，以宽容的心态看世界，看他人，做到宠辱不惊，认真做自己，不活在别人的眼光和态度中，这样就没有什么烦扰了。当然，痛苦与烦恼、艰难与困

阻、倒霉与得意……都是人生中必须经历的阶段；生活有时会表现得

变幻莫测，所以，只有以宽宏大度的胸襟才能为自己赢得更加多彩的

人生。

宽容是一种明智的处世方法

生活中很多人爱与人结怨，常常因为鸡毛蒜皮的小事大动干戈，这成为他们人际关系的阻碍，也让他们的周围没有朋友，只有对手。南怀瑾时常告诫他的学生：与人结怨的习惯，只能让你越来越难受，这种性格不是一种好性格。不管理由如何，偏狭总是不值得的，它就像毒害血液、细胞的毒素一样，影响、侵蚀着人健康的身心和原本温润的性格。

某医学院曾做过一次调查，报告中说："与心情较为愉快的人相比，心存怨恨的人更经常进医院。"医务人员所做的试验显示，最足以引起高血压的原因，莫过于外表好像很安静，内心里却被强烈的怨恨所煎熬。据研究显示，头痛、消化不良、失眠和严重的疲倦等，是心怀仇恨的人常有的生理症状。

南怀瑾也曾讲过这样一件事：

一次，他接到一封渴求指点的朋友写来的信，信中说："我永远记得，我新婚的嫂嫂和哥哥在我生日的那天一同外出旅行，而没有对我说一句祝贺生日的话。"

南怀瑾说，他感觉到这人的言语之中埋着怨恨的种子，而这通常也是毒害身体的毒药。果然，这位朋友正是向他寻求如何获得心灵解脱的帮助，因为他说亲人的有些伤害对他已经造成很大的心灵阴影，他久久不能释怀。

南怀瑾回信告诉这位朋友，仇恨只会造成二度伤害，得不偿失。而宽恕并不是给别人一条生路，而是给自己一条生路；放下仇怨，不是释放别人，而是释放自己，让自己的心从不能自拔的痛楚中挣脱出来，使自己好过一些。

生活中，我们不能避免被指责、被伤害以及其他对我们不利的种种事，但是我们不能因此就在心灵中埋下怨恨的种子，因为，这样只能让自己的心灵和精神毒蔓丛生，思想被愁烦、痛苦填满。所以，要想让自己的心灵得到健康成长，一旦我们发现了忌恨的种子，就不能让它潜滋暗长，最有利的方式便是丢掉它、忘记它。很多有理智的人并不仅以把宿怨丢掉为满足，他们还经常把宽容和理解、爱心和热诚注进自己的心灵，这样，当爱越来越多时，仇恨就会被挤出去。

我们的心如同一个容器，我们不需要一味地、刻意地去寻找理解和关怀，只需不断用宽容来充满内心，用关怀来滋润胸襟，这样，仇恨自然没有容身之处。

有这样一个故事：

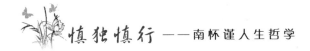

从前有一个国王叫长寿王，在一次战争中他被邻国的恶王抓去了。长寿王的儿子长生听说父王被恶王抓住了，连忙混进邻国打探消息。

进城后，长生看到父亲被捆绑着即将被处死，心里十分悲痛。

长寿王一眼就看见挤在人群中的儿子，他唯恐儿子以后会替自己报仇，便仰天长叹，高声喊道："为人子者最大的孝顺，就是能让父亲死后无恨。儿啊！你千万不要为我报仇，这样我死后才会没有忧愁；如果你非要报仇，那我死后也不会安心！"

长寿王死后，长生心里时刻宁静不下来，他心想："父王仁重义深，而恶王却胡作非为害死了他。虽然父王心存仁慈，不让我报仇，但我身为人子，不杀了恶王报此杀父大仇，还有什么脸面再活在这个世上？"打定主意后，长生偷偷地潜回邻国，以寻找报仇的机会。

恶王手下有个大臣，他家里缺少一名厨师，长生得知了，就去他家里做了厨师。由于长生饭菜做得好，所以深受大臣的喜爱。大臣后来把他推荐给了恶王，恶王在尝过长生的手艺后便把他带回王宫，让长生专门为自己做菜。长生顺利的接近了恶王，便开始寻找下手的机会。

一天，长生趁着恶王休息的时候准备拔出剑杀死他，但是又想起父亲临终前的嘱咐，不禁又犹豫起来，于是便把剑收了回去。如此反复几次，长生想来想去觉得父命不可违，最后他长叹一声，把剑扔在地上，不打算杀恶王了。

恶王一下子醒了过来，对长生说："我做了个梦，梦见长寿王的儿子要杀我，但不知为什么又原谅我了，再也不来杀我了。"

这时，长生说道："其实我就是长寿王的儿子长生。我原本是想趁你熟睡的时候杀死你为我父王报仇的，但父王临终时再三叮嘱不准我报仇。我实在不忍心不听他的话，所以决定不再杀你。我现在把一切都告诉你了，请你杀了我吧！我死了，你从此就安全了，我也免得做个不孝之子。"

恶王听了以后非常感动，也非常后悔，他说："你们父子俩行为高尚。今天，我的命本来已握在你手中了，但你心怀仁慈，牢记父亲的遗言，不来伤害我，我感激不尽。我愿与你结为兄弟，从今以后，若有其他国家胆敢侵犯贵国，我一定前来救援。"

从此，两国相互通好，和睦往来，人民也都安居乐业，安享太平。

这个故事要教诲世人的是：冤冤相报何时了？心怀仇恨寻求报复，虽然可以使自己的恨意消除，但这只是暂时的解脱，接踵而来的是仇恨不断循环。而宽恕别人就是善待自己。人无法宽恕别人，就无法获得快乐。生活中有很多朴实的智慧，宽容就是一种。

人知易行难，爱冲动是人难以克服的本性。南怀瑾再三地告诫其学生：为了保持一个健康的心灵和体魄，为了实现你的理想和抱负，学会原谅那些曾伤害过你的人，忘记仇恨吧！即使是当别人损害了你的利益时，也应

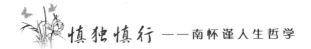

该以一颗宽容之心对待他，这样，你自己的心灵不但能得到放飞，同时你的宽容也能拯救那些"堕落"的灵魂。

我们来到世上，本来就是为了享受美好的世界和温暖友爱的情谊，所以，对那些鸡毛蒜皮的小事我们要学会释怀一笑宽心以对。我们应该记住南怀瑾的教诲，以慈悲之心来升华情感，以博大的心胸来化导怨恨，这样我们遇困境就不会觉得委屈，不会觉得痛苦，身边的朋友会越来越多，生活的欢笑也会伴随一生。

不计较，才能体会到幸福

生活中，不少人往往总是有太多的计较，朋友之间、同事之间，甚至就连爱人之间也会计较得失多寡。结果，计较来计较去，彼此之间就难免产生这样或那样的摩擦，甚至兄弟反目、夫妻陌路、骨肉相残！

南怀瑾认为，世间真正的幸福，常常不是得到很多，而是计较很少！在利益面前，稍微退让一步，虽然放弃了一些东西，但却能收获一份温暖的情谊！

有这样一则新闻：

某市张大爷的 3 个女儿因为老人的两间老房的拆迁款而闹到了法庭上。张大爷原来是市纺织厂的一名退休工人。前不久，张大爷突发重疾，猝然离世。因没有遗嘱，3 个女儿围绕父亲的这一份拆迁款开始争执不休，并且发生了激烈的肢体冲突。结果，大姐家儿子竟然将自己的两个小姨打成轻伤。小女儿一气之下，竟然将大姐和外甥告上了法院。最后，双方对簿公堂，在法官的调解之下，姐妹 3 人才达成了一致协议。

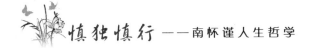

这样的案例在现实生活中越来越多，让我们在震惊之余，不能不引起内心的反思：人生中最重要的东西是什么？在物质利益与亲情方面，应如何权衡轻重，应如何做出选择？究竟是世风日下还是我们自己迷失了方向？

其实，茫茫人海之中，同胞姐妹是几生几世才修来的福分！况且老父亲已不在人世，姐妹之间本应该更亲近一些。但却在亲情和利益的天平上，反而搞不清情与钱哪个更为重要。就如同故事中三姐妹为了两间老房的拆迁款，她们的亲情便荡然无存了。细想一下，骨肉之情、同胞之爱，岂是用多少金钱能够买到的？有句话叫"亲情血浓于水"，兄弟姐妹心连心、背靠背，相互关照，结伴前行，这才是不枉一母同胞的缘分！

南怀瑾说得好，越是计较，人距离幸福就越远；只有不计较，才能免受更大的伤害。不计较是人生一大智慧，不管是亲戚朋友、邻里关系、工作伙伴，甚至是双亲或至爱的夫妻，都应适宜于这个原则。

结婚12年了，琴和杜依然像刚结婚时那样的相敬如宾。而更让杜感动的是，琴一直以来对他弟弟的支持和体谅。

杜是弟兄两个，弟弟比他小五岁。和琴结婚时，弟弟正上大学，父母都已经上了年纪，弟弟每年学费以及生活花销近10000多元，都是从杜的工资里出。对此，琴从无二话。

4年后，杜和琴刚刚有了一些积蓄，弟弟又要结婚，女方要两万元彩礼，可当时父亲的钱全用在了给母亲看病上了。还是琴主动把家里的钱拿出来，给弟弟办了婚礼。她说，现在反正还没有分家，我们先把这钱拿出来吧，总得让老二娶上媳妇。

弟弟结婚之后第二年，兄弟俩分家。父亲有两套房子，虽然都是三居室，但面积上一个大些一个稍小些。琴说，弟弟家底子薄，把大的让给他住吧，我们先住着小的也行，反正也够住的了。对此，弟弟非常感激。

如今，弟弟已经结婚四年了。兄弟两人一直处得很好，有什么事情，两人都是坐在一起商量着办。尽管两家都不十分富裕，但兄弟和睦、妯娌情深，在他们看来，这比什么都好。

的确，于人于事，少些计较，多些豁达，痛苦就会烟消云散，幸福自然接踵而来。可生活中很多人却执迷不悟，不明白这个理儿，于是在计较中纠结。

有位年轻的女子总是嫌自己的老公赚钱太少，埋怨老公不能给自己贵妇人的生活。两人为此经常发生吵闹、争执，最终闹到了法院，准备离婚。

这时，她的一位闺中密友劝她道："家庭要幸福，不能计较太多！如果我们总是觉得自己牺牲的大，想让别人跟我们一样地付出，那就错了！很多时候，我们考虑得太少，没有站在对方的立场上想问题。以前我也总是抱怨我老公不赚钱，没有责任心，但是他一直都对我不离不弃，这不就是最大的责任心吗？所以后来，我不再抱怨他。没事的时候，我会想他对我的好，对我的温柔，对我的关怀体贴；想他的一颦一笑，想他孩子般的笑

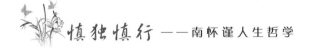

容，想他的恶作剧。越是这样想的时候，我就越轻松、越自在。男人也是人，会有这样那样的缺点，会耍脾气，还有强爱"面子"。对这些，我们不能太过计较——实际上，我们越不去计较他的过错，两个人就越有共同语言，感情自然就深厚了。许多家庭走向破裂，往往不是什么大是大非的事，而恰恰是因为一些鸡毛蒜皮之事。本来不是什么大事，双方或者一方死死计较，抓住不放，越是计较就越伤感情，最终走到无可挽回的地步。"

那位女子听闺蜜说完后，觉得是这个理儿，高兴地回家与老公沟通去了。

人与人之间发生摩擦和矛盾是常有的事情，如果我们事事都要计较，都要生气，就计较不完，生气不完。所以，与其在这些事情上浪费时间，不如把它忘记，让其他开心的事来填补自己的内心，这样于人于己都好。若我们一味地和家人计较、和朋友计较、和同事计较……凡事斤斤计较，那么只会被愤怒所毁灭。

即使面对别人无理的嘲讽和谩骂，我们也大可不必去理会，因为，当我们能够坚持自己的内心，不为别人的恶意言论而恼羞成怒的时候，其实，谁也不会影响我们的生活。

不计较于家如此，在工作中更是如此。如果总是计较工作环境太差、总是认为加班、任务太重，时间太紧张，压力太大，薪水太少——那工作自然就成了一种难耐的苦役。

百度前副总裁俞军当年在自己的求职简历中这样写道：

"本人热爱搜索成痴，只要是做搜索，不计较地域（无论天南海北，刀山火海），不计较职位（无论高低贵贱、一线二线，与搜索相关即可），不计较薪水（可维持个人当地衣食住行即是底线），不计较工作强度（反正已习惯了每日14小时工作制）。"

一连4个"不计较"，道出了俞军对于搜索事业的痴爱。后来，他之所以能够成功，也是必然的了。如果我们都能像俞军一样在工作中不去计较太多，那么工作就会成为一件快乐的事，一种愉悦的享受。

生活中有很多让我们觉得是缺陷或不尽如人意的地方，如果我们以宽广的心胸去面对，以豁达的目光去审视，就会发现生活会变得美好许多，自己也能体会到世间更多的快乐。如此一来，又"何苦之有"呢？

所以，我们要记住：世间真正的幸福，常常不是得到很多，而是计较很少！

宽容可以获得轻松的人生

人生活在社会中，人与人之间常常因为一些彼此无法释怀的"不让"而发生矛盾，此时，如果不能学会宽容，那将会给双方造成永远的伤害。所以，南怀瑾说：宽容可以使人处之坦然、安之若素，从而获得轻松的人生。他的这段话实际上是在教导我们以平和之心待人的道理。

"海纳百川，有容乃大"，宽容是一种高尚的品德，也是智者的境界。一个宽宏大量的人，他的爱心往往多于怨恨。宽容之人乐观、豁达，他们忍让而不悲伤、他们不消沉、不焦躁、不恼怒；他们对自己伴侣和亲友的不足处，以爱心劝慰，晓之以理，动之以情，使听者动心、敬佩、遵从。他们与其他人相处，不会存在情感上的隔阂、行动上的对立、心理上的怨恨，而这一切都是因为他们心胸宽广。

中国有一句古老的谚语——"宰相肚里能撑船"，说的就是宽容的道理。

三国时期的蜀国，在诸葛亮去世后任用蒋琬主持朝政。他的属下有个叫杨戏的，性格孤僻，讷于言语。

蒋琬与他说话，他常常是只应不答。有人看不惯，在蒋琬面前嘀咕说："杨戏这人对您如此怠慢，太不像话了！"蒋琬坦然一笑，说："人嘛，都有各自的脾气秉性。让杨戏当面说赞扬我的话，那可不是他的本性；让他当着众人的面说我的不是，他会觉得我下不来台。所以，他只好不作声了。其实，这正是他为人的可贵之处。"后来，有人赞蒋琬"宰相肚里能撑船"。

人的一生，谁都会碰到个人的利益受到他人有意或无意的侵犯的情况。但人如果能像蒋琬那样寻找出一条平衡自己心理的理由，说服自己，那就能把内心一切不平和及怨气化解，付之宽容的一笑。

还有一个关于孔子的传说：

春秋战国时期，孔子有一次在郑国与弟子们失散了，他只好独自站在城郭东门等候。

一个郑国人对孔子的弟子子贡说："东门有个人，长得奇形怪状，累得好像丧家之狗。"

子贡后来把这句话告诉了自己的老师，孔子坦然笑道："说我像丧家之狗？确实是这样，是这样的啊！"

作为一代宗师的孔子，居然能在学生面前对这种污辱性的语言一笑了

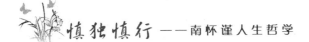

之，的确表现出为人师表的气度。这个故事广为流传，孔子被后世誉为宽容仁爱的典范，孔子的确堪当此名。

宽容说来简单，但做起来并不容易。为了培养和锻炼这种良好的心理素质，人要在现实中接受种种考验，比如羞辱、刁难、排挤、报复……无论他人何言何行，即使自己情感的潮水在胸中奔腾不止，也要紧闭住自己的嘴巴，管住自己的大脑，静下心来忍一忍狂躁的怒火，压一下焦虑的情绪，抵御住急躁和鲁莽的冲动，控制好自己的情绪。

其实，世界上没有什么过不去的坎，当别人伤害你的时候，不要觉得自己向别人"低头"有什么大不了。世上坎坷之事十之八九，请尽量宽容一些，这不仅是在给自己一个好心情，也是能让自己获得更轻松的人生的好机会。一个真正成熟的、有修养的人，一定是能忍一时之辱、耐不平之气的人。所以，不学会宽容，损失的是自己的心情，而坏心情带来的必然是更糟糕的结果。宽容像是一味良药，不需要任何语言，把心态放平，付之一笑，就可以做到。如果社会中人与人都学会了宽容，世界就少了很多不必要的冲突。

从自己做起，宽容地对待他人，你一定能收到许多意想不到的结果。这不仅是为自己开启了一扇窗，同时让自己看到了更远的天空。

用友善的心去对待身边的每个人

南怀瑾指出：世界上有两种人，乐观的人、悲观的人。他们对物、对人和对事的观点不同，得出的结果也不同，苦乐的分界主要也就在于此。

南怀瑾认为，生命中最重要的是你要用友善的心去对待身边的每个人，多理解和多尊重别人，多发现别人的优点，而不是看他们的缺点。

有这样一个故事或许会对我们有所启示：

在一条比较繁华的街道上，一位作家总能看到一个画家的生意出奇地好。画摊周围聚集了很多人，而其他画摊前的人却寥寥无几。

一天，作家也挤进了人群想探个究竟。

"给我也画一幅！"一个小伙子抢先坐到小木椅上。他衣着邋遢，尖嘴猴腮，看起来很讨厌。作家暗忖：这模样还当众画像，简直就是出丑！

画家上上下下打量着小伙子，旁若无人异常专注，然后又示意小伙子调整身体眼神的位置和方向，准备就绪后，画家开始画了，几分钟后，一幅画交到小伙子的手上。

大家纷纷凑过来一睹为快。哇！像极了！这是人们的第一印象。小伙子有几分像日本影星高仓健，而画中人面容棱角分明，双目炯炯，更是把小伙子的特点突出出来。小伙子拿着画端详了老半天，眉开眼笑十分满意。

接下来，一个大腹便便的商人在画家笔下，也变得慈眉善目笑容可掬；一个彪形大汉被画得豪放耿直，像梁山好汉一般令人敬畏……

作家看明白了。这位瘦小画家的高明之处就在于：他总能用心捕捉到所画对象最美好的气质，然后发扬光大，所以，他的画受到大家的欢迎。

生活中没有十全十美的人，也没有十恶不赦的人。差不多每一个人都可找到优点和缺陷。所以，如果我们能用一颗友善的心去看待身边的每个人，我们一定能寻觅到他们身上的闪光点，感受到他们美好的一面。

常言道："水至清则无鱼，人至察则无友。"一个人立身处世的基本态度，必须有清浊并容的雅量。对待周围的人，不要把别人想得特别坏或者自认为清高而对别人居高临下。如果你发现与别人关系处得不够好，一定要自找原因，看看是否是因为你不友善的态度导致树敌太多。

比如，你对同事的言谈举止不屑一顾时，你就以所谓的"清高"与他们拉开了距离——尽管他们可能谈的很粗俗。比如，当你夸夸其谈，旁若无人地表现自己时，你的居高临下可能会招来狂妄的名号——尽管你确属于才华横溢之辈。比如，当你仰着脸语气生硬地待人时，你就等于孤立自己了；比如，当你竖起眉毛，瞪圆双眼时，你与他人的关系就已陷入"险恶"之中了。

人，除非躲入深山老林，独居尘世之外，否则总要生活在亲戚朋友、同乡、同学、同事之中。人的性格脾气、志向爱好、学识趣味、品德才貌，一定是形形色色的。上帝不可能复制十个相同的人，每个人都是独一无二的。要承认周围的人是由各种角色组成的，所以，有不一样的人格特征。这是人无法选择的，人只能面对这个现实。

你可以反感迪斯科舞串了味变成了老年人的健身操，但你绝没有理由讨厌跳这类舞的人，你选择不看就是了；如果你能以优美的华尔兹、探戈舞步唤起他人的兴趣，做他人的教练，你就与他人贴近了。

所以，你在日常小事的处理中要能变不利为有利，自己创造和谐的人际环境。另外，你的期望值不能过高，你永远不可能让所有的人都说你好。而当我们与别人合作的时候，更是要能双赢，照顾到对方的利益。

容人是一种美德。

隐忍体现了一个人的修养与才能

生活在纷繁复杂的大千世界里，和别人发生着千丝万缕的联系，磕磕碰碰，出现点儿摩擦，在所难免。此时，如果互不相让，彼此缺乏隐忍宽容的涵养，不管是得理不饶人的一方，还是强词夺理的一方，都会各执一词，到头来可能也争执不出个什么结果，甚至会把小矛盾激化，导致两败俱伤，各损其益。

南怀瑾认为：为人应该有最基本的涵养，粗暴蛮横的方式不是解决问题的根本办法，有德行的人也不会采取简单粗暴的方式，而是采取忍让之道。隐忍犹如"退一步海阔天空，忍一时风平浪静"。如果比较哪个更划算，不言自明。

纵观历史上，凡是显世扬名、彪炳史册的英雄豪杰、仁人志士，无不能"忍"。人生在世，生与死较，利与害权，福与祸衡，小之一身，大之天下国家，都离不开"忍"。很多人将"忍"字奉为修身立本的真经，他们认为，"忍"是修养胸怀的要务，安身立命的法宝，人脉和谐的祥瑞，成就大业的利器。

春秋五霸之一的晋文公，本名重耳，未登基之前，由于遭到其弟夷吾的追杀，只好到处流浪。有一天，他和随从经过一个地方，因为粮食已用完，他们便向田中的农夫讨些粮食，可那农夫却捧了一捧土给他们。

面对农夫的戏弄，重耳不禁大怒，要打农夫。他的随从狐偃马上阻止了他，对他说："主君，这泥土代表大地，这正表示你即将要称王了，是一个吉兆啊！"重耳一听，不但立即平息了怒气，还恭敬地将泥土收好。

狐偃身怀忍让之心，用智慧化解了一场难堪，这是胸怀远大的表现。可见忍让是智者的大度，强者的涵养，它并不意味着怯懦，也不意味着无能，而是医治痛苦的良方，是一生平安的护身符。

《寓圃杂记》中记述了杨翥忍让邻居的故事。

杨翥的邻居丢失了一只鸡，指骂说是被杨家偷去了。家人气愤不过，把此事告诉了杨翥，想请他去找邻居理论。可杨翥却说："此处又不是我们一家姓杨，怎知骂的是我们，随他骂去吧！"

还有一邻居，每当下雨时，便把自家院子中的积水扫到杨翥家去，使杨翥家如同发水一般，遭受水灾之苦。家人告诉杨翥，他却劝家人道："总是下雨的时候少，晴天的时候多。"

久而久之，邻居们都被杨翥的宽容忍让所感动，纷纷到他家请罪。有一年，一伙贼人密谋欲抢杨翥家的财产，邻居们得知此事后，主动组织起来帮杨家守夜防贼，使杨家免去了这场灾难。

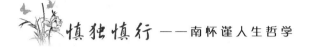

生活中，许多事当忍则忍，能让则让。善于忍让，宽宏大量，是一种境界，更是一种智慧。处于这种境界的人，会少了许多烦恼和急躁，能拥有更加亮丽的人生。

下面一个故事也许对我们更有启发。

古代有个乡绅过独木桥，刚走几步便遇到一个孕妇。乡绅很礼貌地转过身回到桥头让孕妇过了桥。孕妇一过桥，乡绅又走上了桥。走到桥中央又遇到了一位挑柴的樵夫，他二话没说，回到桥头让樵夫过了桥。第三次他再也不贸然上桥，而是等独木桥上的人过尽后，才匆匆上了桥。眼看就要到桥头了，迎面来了一位推独轮车的农夫。这次他不甘心回头了，摘下帽子，向农夫说："你看我就要到桥头了，能不能让我先过去？"农夫不干，把眼一瞪，说："你没看我推车赶集吗？"话不投机，两人争执起来。这时河面上来了一叶小舟，舟上坐着一个胖和尚，刚好来到桥下，两人不约而同请和尚为他们评理。

和尚双手合十，看了看农夫，问他："你真的很急吗？"农夫答道："我真的很急，晚了便赶不上集了。"和尚说："你既然急着去赶集，为什么不尽快给乡绅让路呢？你只要退那么几步，他便过去了，这样你不就可以早点儿过桥了吗？"

农夫一言不发，和尚转而笑着问乡绅："你为什么要农夫给你让路呢？就是因为你快到桥头了吗？"

乡绅争辩道："在此之前我已给许多人让了路，如果继续让农夫的话，便过不了桥了。"

"那你现在是不是就过去了呢？"和尚反问道，"你既已经给那么多人让了路，再让农夫一次，即使过不了桥，起码保持了你的风度，何乐而不为呢？"乡绅被问得满脸通红。

从这个故事中我们细想一下，其实生活中有很多事情只要忍一忍，让一让，便过去了，但我们有时就是缺乏这方面的气量与大度，正如上面故事中的绅士和农夫，绅士让了几次便不肯再让，农夫也不退让，导致他们谁也无法过桥。这不能不说是当局者迷，均缺乏人生的智慧。其实为人处事，忍让是很重要的，"退一步"于人于己都是一种方便。

忍让讲究的是策略，体现的是智慧。"弓过盈则弯，刀过刚则断"，能忍让者追求的是大智大勇，我们决不能做头脑发热的莽夫，退让是一种宽广博大的胸怀，也是一种包容一切的气概。

苦涩的一笑是忍让，一声"没关系"也是忍让。这社会，没有忍让，就没有平静；没有忍让，就没有和谐；没有忍让，就不存在友谊；没有忍让，就谈不上远大的理想。不与廉颇相争而忍让的蔺相如，不争名利而忍让的伯夷和叔齐，容忍魏征的李世民……哪一个不是在忍让中造就了一番大业？他们印证了"小不忍则乱大谋"这个流传千古的真理。

南怀瑾认为：心胸狭窄的人更要学会忍让，爱慕虚荣的人也要学会忍

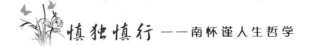

让，看重利益的人更要学会忍让，脾气暴躁的人应要学会忍让，每个人学

会了忍让，就能熄灭心头的怒火，消融封冻的江河。有了忍让，人就不会

是一介粗鲁的武夫；有了忍让，人就不会是一条莽撞的汉子；有了忍让，

天空就会一片晴朗；有了忍让，道路就会无比宽广；有了忍让，真正的善

良人性才会得到弘扬。

我们要懂得忍让，这样能交更多的朋友，有更幸福的人生。

"以忍为上"，小不忍则乱大谋

俗话说："小不忍则乱大谋。"人的一生中，遇上能令人发怒的事不计其数，倘若每件事都发怒，都耿耿于怀，是成不了大事的。反之，只要胸怀大志，就会"忍人所不能忍"，对于许多难忍之事就不会放在心上。

南怀瑾强调，对于日常的琐碎之事，不必去计较。小事若无法忍受，将无法成就伟大的理想。

古人说："忍得一时之气，免却百日之忧。"韩信的故事就是一个很好的佐证。

韩信是汉高祖刘邦的大将，年轻时有一天，一群小流氓找碴儿说："你长得倒不赖，不知胆量如何呢？"韩信听后沉默不语。这时围观的人越来越多，一个流氓又挑衅说："如果你有胆量，就来刺杀我；如果害怕，就从我胯下爬过去吧。"

韩信仍然一言不发，但却默默地爬过他的胯下。这就是历史上著名的"胯下之辱"的故事。

常言道：识时务者为俊杰。所谓俊杰，并非专指那些纵横驰骋如入无人之境，冲锋陷阵、无坚不摧的侠客、英雄，而是那些能够以自己的胸怀和毅力去获取成功的人。韩信就是一个俊杰，他奉行的"以忍为上"的处世哲学，也是他后来之所以成就事业的保障。

"忍"是一个人修养、智慧、能力的集中体现。遇事发怒，争强好胜，往往会出现因小失大的后果，这是不明智的表现。

《三国演义》中的周瑜、曹操、刘备三人中，周瑜气量狭窄，不能容忍诸葛亮技高一筹的现实，一定要与诸葛亮较量到底。明明曹操在赤壁战败，东吴政权应将力量投入到向北扩大地盘的征战中，可是周瑜宁肯让孙权往合肥与张辽交战受挫，自己带着东吴主力与诸葛亮争夺荆州。争夺的结果自然是失败，周瑜也为此负气身亡，这应是引以为戒的。

曹操，作为"治世之能臣，乱世之奸雄"，尤其善"忍"。当董卓进京擅权作乱时，众官想到汉室将亡，一齐啼哭，唯他"抚掌大笑"。王允责备他时，他说："吾非笑别事，笑众位无一计杀董卓耳。操虽不才，愿即断董卓头，悬之都门，以谢天下。"但等到他行刺董卓不成时，他又赶忙"持刀跪下"，谎称"献刀"，足见其掩饰内心活动的"机智"。

曹操翦灭吕布后，已有挟天子以令诸侯之威，不想来了个弥衡，击鼓大骂曹操。张辽等人要杀弥衡，但曹操却阻止了，他忍住心中怒火，不愿去担"害贤"之名，将弥衡送刘表处，最后让黄祖杀了他。可见，曹操的"忍"与其政治家的大气度颇为相通。

刘备，更是"以忍求尊"的"出色运用"者。他有汉室甲胄出身，有关羽、张飞辅助，为了维系桃园结义的情义，他不惜辞官；虎牢关战败吕布显露锋芒，他坐在诸侯的末位并不以为耻；曹操灭吕布后，刘备与曹操在许都供职，他更是如履薄冰。曹操以青梅煮酒论英雄相试，刘备则以韬晦之计避让；等到脱离许都后，他先后投奔袁绍、刘表，在任何地方都是一副宽厚待人的样子，甚至蔡瑁几次逼杀，刘备都是采取避让，并无反击。刘备通过处处"忍让"而争得人心，由得人心而得人才，终于成为鼎足三分的主导力量。刘备的成功，充分显示了他"以忍求尊"人生智慧的力量。

"忍"作为人生智慧的体现，积蓄着自强不息的力量。古人说："君子忍人所不能忍。"正是从人格、意志、修养、智慧诸方面探讨"忍"在个人生中的价值，因为"忍"显示着一种力量，这种力量让内心具有充实、无所畏惧的表现，成为强者具有的精神品质之一。

忍不是低三下四，甘愿受他人摆布，忍不是忍气吞声，受人欺侮，逆来顺受，不去反抗，忍是一种积蓄力量的方式。一个人善于忍，才能得到各方面的帮助，汲取到各方面的信息，为自己的发展和成功奠定良好的基础。所以，我们应该从忍辱负重中厚积薄发，为争取更好的前途做好准备。

第二章

常穿两件衣：

谦卑，真诚

维护自尊，也要抛弃虚无又虚伪的"面子"

南怀瑾曾说，面子思想已经在国人的头脑中根深蒂固了。他认为，其实，面子要不要讲，值不值得去争，关键是看事情的"面子价值"。

对每个人来说，"面子"有时固然很重要，也值得人们去维护，但同时也要想一想，什么样的"面子"才是真正要维护的？"面子"到底有没有价值？该怎样去维护？

很多人重视"面子"，都希望自己有"面子"，任何时候都会想方设法保全"面子"。认为只要有"面子"，就精神倍增，信心满满，心情好得不得了。另一方面，又常常因为"要面子"、"争面子"而打肿脸充胖子，让自己身心疲倦，活得很累。

中国古代有很多讽刺"死要面子活受罪"的小故事，下面这个故事大家可能都听说过：

有一个书生，家里很穷却很爱"面子"。一天晚上，小偷来到他家中，

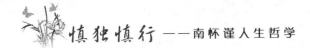

搜寻之后，没有发现值得一偷的东西，便跺脚叹道："晦气，我算碰到了真正的穷鬼！"书生听了，赶紧从床头摸出仅有的几文钱，塞给小偷，说："您来得不巧，请将就把这点钱带上。但在他人面前，希望您不要张扬，给我留点'面子'啊！"

这个故事中的书生真是让人又好气又好笑。

中国近现代历史上的一位爱国主义者杜重远先生曾对"面子"大声疾呼："要面子不要脸这几个字，包括尽了中国人的劣根性。政治腐败、经济破产，都是由于要面子不要脸这种人生观的缘故。所以，要拯救中国，先要革除这种人生哲学。"

鲁迅先生也说过："面子是中国人的精神纲领。"因为他认为中国人所谓的"面子"，应该是介于"荣誉"与"虚荣心"之间的一种内心的情感因素。

美国学者史密斯在其所著的《中国人的性格》一书中，共列举了中国人的 27 个劣根性，其中他把"保全面子"放在了首位。史密斯认为，面子思想是中国人最特有的个性。

事实上也如此，中国人对"面子"问题是非常介意的。有道是："树活一张皮，人活一张脸"、"打人不打脸，骂人不揭短"，等等。从这些俗语中不难看出，"面子"一词已经是深入人心，甚至是根深蒂固了。

南怀瑾认为，如果人将"面子"理解成自尊，这是不对的。自尊是什么？自尊就是自己尊重自己，自己看得起自己。而"面子"思想却是因为太在意别人对自己的评价而产生的虚荣心，它是精神的枷锁，严重干扰人的正常思维与行动。在现实中，有一些人为了"面子"奔波一生，最后留给自己的却是烦恼一堆。其实，他们输的不是他们的个人能力，也不是他们的行为技巧，而是这个不名一钱的薄薄的脸面。

有这么一则寓言，讲述一位渔夫"死要面子"的故事。值得我们去深思。

从前，有个渔夫，死要面子，即使立下的誓言，不合实际，他还硬要坚持，不肯变通，甚至将错就错。

有一年春天，他听说墨鱼的价格很高，出海前他便对天发誓：其他不要，只要墨鱼。不料，这次的鱼汛却是螃蟹，为了誓言和"面子"，他空手而归。上岸后，他才知道螃蟹的价格最高。这令他后悔不已，于是，他又立下只捕螃蟹的誓言。

第二次出海，遇到的又全都是墨鱼，为了誓言和"面子"，他不得不放弃这些墨鱼。上岸后，墨鱼的价格又是最高。晚上，饥肠辘辘的他躺在床上再次发誓：明天出海，无论螃蟹还是墨鱼，他统统都要。

海神似乎在和他作对，第三次连墨鱼和螃蟹的影子都没见到。虽然有别的鱼，但为了遵守誓言和自己的"面子"，渔夫又一次空手而归……

渔夫没能赶上第四次出海，他饥寒交迫，死在了自己的誓言和"面子"之中。

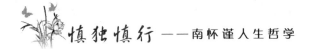

寓言中的渔夫为了自己的"面子"，每每放弃到手的财富。现实中，这样的事情时常发生。对许多人来说，"面子"特别重要，比方说饭桌上抢着结账、借巨款娶媳妇、不好意思向朋友讨债、把仅剩的工资拿去"凑份子"等等。他们认为，"丢了面子"是很严重的，"丢面子"往往意味着被议论、被指责甚至被歧视。

关于"面子"问题，还有另外的一些表现。那就是放不下"架子"，怕四处求人会让他人看不起，怕请人帮忙会让人瞧不起，怕找不到工作而被人说成是"废物"，怕找不到好工作让人看笑话等等。

生活中，人为什么要为"面子"活着？对很多人来讲说不清，道不明。人只要有能力，就应该勇敢地面对生活中一切。为"面子"而活着的人，其实是自卑心理在作怪。比如，害怕自己的能力达不到，又没有足够的信心，所以只有从"面子"上找借口。这是自欺欺人的做法，人只有走出"面子"的怪圈，努力提高自己的能力，不为所谓的"面子"所累，才能真正享受轻松快乐的人生。

把自尊和尊人有机地统一起来

南怀瑾认为，自尊心就像我们所呼吸的空气一般，它是我们生活中不可或缺的元素。一个人如果柔弱得连自尊都失去了，那么他就失去了做人的资格，而自己瞧不起自己，别人怎会瞧得起你？所以，丧失了自尊心，就体会不到生活的任何乐趣。

自尊是人的一种精神需要，是人格的内核。维护自尊是人的本能和天性。为人处事若毫无自尊，"脸皮太厚"，这肯定不行；反过来，自尊过盛，"脸皮太薄"，也不好。所以，每个人都面临着挑战，即与自己建立一种良好的关系，这种关系应该充满信任、爱、真诚、尊重、安全、慷慨、灵活、乐观、宽容、敏感和创造，因为这也是与他人建立良好关系的必由之路。人与人能建立良好的关系，首先需要通过对别人的尊敬表现出诚意来。为什么这么说呢？

自尊与尊人看似对立，但正如很多心理专家指出，它们在内在上是彼此统一、互为印证的。那么，我们如何对待我们自己，可以通过我们如何对待他人的方式反映出来：如果我们不了解和不信任我们自己，我们就不能很好地了解和信任他人。

自尊和尊人并不互相排斥，它们是互相联系、协同作用的。你给自己的爱越多，你对别人的爱也就越多；反之，你给自己的爱越少，你对他人的爱也就越少。我们为了与他人建立起积极的和健康的关系，首先必须与自己建立一个积极健康的关系。所以，如果你不尊重自己，不相信自己，那么，你也不可能尊重他人和相信他人。

如果你鄙视你的"自我"，认为它毫无价值可言，那么，很自然，你就会设法通过牺牲他人的利益来大肆攫取，这就是对自私行为的界定。相反，如果你十分珍惜和重视你的"自我"，那么，你的生活就会建立在有内心安全感的基础上，这种安全感会给你自信，使你在行动中能无私助人，乐于奉献，珍惜和重视他人的价值——这就是对无私行为的界定。

所以，一个人如果没有自尊心和尊人的意识，就不会产生很强的自信，生活也会因此而变得令人恐惧和抑郁。

那么，在生活中我们如何培养自己的自尊及尊人的意识呢？

首先，从思想上认清自尊和尊人的区别，不要光想着自己的"面子"，有了这种思想，对自尊及尊人就没有了自控力，反之，则有自控力，即使受到他人他事"刺激"，也不至于脸红心跳，怒目相对，可以不急不恼，哈哈一笑，表现出宽容的心胸，这样就会养成自尊和尊人习惯，也会容易得到别人的尊敬。

其次，交际过程中要审时度势，准确地把握自尊与尊人的度，追求最佳效果，这是自我成熟和有信心的表现。主要表现在以下几种情况：

一、当你受到冷遇时，要不卑不亢，忍辱负重。有时候，

在交际场中会出现你被当成不速之客或坐"冷板凳"的尴尬之境，作为人，我们的自尊心常常在这些情况下面临着极大的挑战，此时你一定要冷静、理智，尤其对别人的不尊重不要在意，尽量拿出自己的诚意来，这才是表现自尊的最好方式。

二、当你被否定时要有一定的涵养，要让对方把话说完并且礼貌上表示感谢。很多时候你花了很大的心血做了一件自认为很不错的事情，满心希望他人肯定、赞赏。可没想到，对方一棍子打过来，全盘否定。这时，你肯定会受到强烈的刺激，继而为了挽回"面子"，进行辩解、反驳，甚至是争吵，那你就大错特错了。因为这样维护自尊、"面子"，只会让人觉得你狭隘偏激，如果你再表现得狂躁不安，他人会认为你粗鲁无礼，这样只能使事情更糟，不如接受这个事实，效果可能更好一些。学会让他人尊重于你，能表现出你具有的良好修养。

三、当你有了过失受到批评时不要暴跳如雷，强词夺理或不屑一顾。有些人一听到批评，自尊心就受不了，特别是当众挨批评更是难为情，由

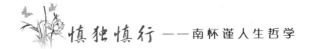

此就采取了不恰当的处理方式。面对批评应能够正确理解，采取虚心的态度。这样不但不会"丢面子"，反而会改变他人的看法，给对方留下一个好印象。尽管有时他人的批评内容不实，有些偏颇，而批评者又处在特别的地位，这时，如果你受自尊心的驱使，当场反击，甚至争吵，效果肯定不好；而理智一些，不当场反驳，事后再进行说明，这种处理对自己较为有利。

总之，自尊不是自以为是，更不是仗势欺人或者以势压人，那样的人只会让他人认为你不可理喻，即使对方在表面上会做出让步，内心也只能是更加轻视你或者心中已开始与你为敌，成为日后更大矛盾爆发的隐患，会对社交设置重重障碍。所以，南怀瑾多次指出，人为了自己的尊严，要更加尊重别人，这才是一个人成熟的表现。

牢记南怀瑾的智慧之言，时时处处多尊重别人，这样才能拥有更多朋友，赢得好人缘，也让他人尊重你。

培养坦诚的美德，树立起良好的形象

很多人苦恼于如何处理自己的人际关系，他们要么抱怨某人脾气不好，总是大喊大叫；要么抱怨某人不懂礼貌，不知道感恩……对此，南怀瑾认为，如果你的人际关系也如同他们那样亮起了红灯，不要在埋怨别人如何了，首先想想自己，是否是以一颗坦诚的心对待别人。

古人云："不患位之不尊，而患德之不崇"。一个有修养的人，是不会把自己的进步挂在嘴上，同时不停地去说别人的不是，去张扬、拔高自己的优点的。人只有静下心来，三缄其口，更多地尊重别人，坦诚地对待别人，才能不断进步。

人之立世，需要多种美德，以坦诚的态度对人，可以使天下安定，可以使自身舒适安然。所以，人生在世，千万不可忽视了对高尚的道德品质的追求，要从小培养坦诚的美德，这样才能树立起良好的形象。

有这样一个故事：

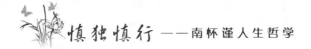
寺院里接纳了一个10岁的流浪儿，这个流浪儿头脑非常灵活，给人一种脚勤嘴快的感觉。灰头土脸的流浪儿在寺里剃发沐浴之后，就变成了干净利落的小沙弥。

法师一边关心他的生活起居，一边苦口婆心、因势利导地教他为僧做人的一些基本常识。看他接受和领会问题比较快，又开始引导他习字念书、诵读经文。但就在这个时候，法师发现了小沙弥的一个致命弱点——心浮气躁、喜欢张扬、骄傲自满。例如，他刚学会几个字，就拿着毛笔满院子写、满院子画；再如，他一旦领悟了某个禅理，就一遍遍地向法师和其他僧侣们炫耀；更可笑的是，当法师为了鼓励他，刚刚夸奖他几句，他马上就在众僧面前显摆，甚至把其他僧人都不放在眼里，大有唯我独尊、不可一世之势。

为了改变和遏制他的不良行为和作风，法师想了一个用来启发、点化他的方法。

一天，法师把一盆含苞待放的夜来香送给这个小沙弥，让他在值更的时候，注意观察一下花卉的生态状况。

第二天一早，还没等法师找他，他就欣喜若狂地抱着那盆花一路跑来，当着众僧的面大声对法师说："您送给我的这盆花太奇妙了！它晚上开放，清香四溢、美不胜收。但是，一到早晨，它就收敛了它的香花芳蕊。"

法师用一种特别温和的语气问他："那它晚上开花的时候，吵你了吗？"

"没有哇，"他仍高兴地说，"它的开放和闭合，都是静悄悄的，哪能吵我呢！"

"哦，原来是这样啊！"法师换了一种特殊的口吻说，"老衲还以为花开的时候得吵闹着炫耀一番呢！"

他听后愣住了，他是个聪明人，从此改掉了浮躁的毛病。

花开心自知，真人不露相，深水流自静。每个人在社会中都有自己的位置，我们对自己位置的态度，所有人都会看到。所以，不必张扬，不必高调，只要做好自己就行了，当然还要注重与别人的关系，展示好的态度及形象，这是人人都应学会和遵循的待人处世的技巧，否则，你就无法与别人很好地相处。

所以，与人交往的过程中，应以正确的态度待人，这样的人多是这样做的：

（1）坦诚，但不粗俗

人与人交往，需要坦白诚恳。也就是说，立身处世刚正不阿，为人办事诚心诚意：心里怎么想，嘴里怎么说，言之要有物，行之要有理。若是口是心非，察言观色，看风使舵，阳奉阴违，两面三刀，就不是一种坦诚的态度，是不会搞好人与人的关系的。

但值得注意的是，坦诚不等于简单粗俗，信口开河。简单粗俗、信口开河的人，往往捕风捉影，凭主观想象断言，说话不负责任，只图一时痛快；不看对象，不讲方式方法，不分场合地点，不顾后果乱说乱讲。简单粗俗是搞不好社会交往的。

（2）谦虚，但不虚伪

谦虚的品德对于人际交往很重要。一个人对自己应该是实事求是，既不做过高的评价，又肯接受别人的批评，还能够虚心地向别人请教。这样，才能成为社会交往中受欢迎的人。而一个自负自傲的人，是不可能成为社交中受欢迎的人的。

谦虚应以坦诚为基础，否则，就要陷入虚伪的泥潭。比如，讨论问题时，自己明明有不同意见，但为表谦虚而不明白说出；比如，对方批评自己时，当面唯唯称是，背后却又发牢骚讲怪话，这也是虚伪的表现。

谦虚与虚假、虚荣不是一回事，如果一个人故作谦虚姿态，以求得"谦虚"的美誉，就是虚荣的一种常见表现。而这种虚荣心一旦被他人察觉，他人就不会与你有愉快的交往了。

谦虚也不等于谄媚。如果在交际中，爱对对方说一些言不由衷的溢美夸饰之词，以为只有这样才显得自己彬彬有礼、谦恭而有教养，那就大错特错了。因为过分的溢美之词，亦近谄媚，而谄媚非但不能给人以好感，反而会令人讨厌，是社交中的一个大敌，应当注意回避。

（3）成熟稳重，但不圆滑世故

人要在社会交往中，减少失误，不断进取，才能立于不败之地，使自己老练成熟起来。

成熟稳重的基本特征是：第一，能够摆正长远利益与眼前利益、大节与小节的关系。人既要看到眼前利益，更要看到长远利益；不被"面子"所困，可以暂居人下或能耐辱。第二，既不过高也不过低评价自己的能力，同时处事不较真。第三，能够摆正感情与理智的关系，一事当前，能够恰当地抑制自己的情感，使之适应于交往中的需要。

人成熟稳重，靠的是知识的积累，经验的积累，而这些又往往需要以开放的心虚怀若谷地接受不同的观点。也就是说，人格成熟的重要标志是：宽容、忍让、和善。

（4）尽量站在对方的立场上去看问题

不论男人或女人，十之八九都首先认为自己的想法最好，因此与别人发生分歧时，爱强调别人的问题，这在一定的范围内是可以理解的，同时也是人之常情。但如果总是这样，就是武断和自高自大了，而长期下去，与人交往会与人结怨。

所以，与人交往的最好办法，就是经常站在别人的立场上设身处地为别人着想，设法了解一下与你所在的社会圈子里不同的人们所持有的种种看法，这样我们才能与越来越多的人成为朋友。

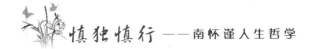

比如美国著名的政治家富兰克林年轻时在法、德、意等国住过很长时间，他必须设法和一些不同政治观念和立场的人交往，但他当时年轻气盛，也有些狂妄自大，而为了改善自己的性格，他坚持和一些不同见解的人们谈心，了解他们的想法，或者阅读政见不同的报纸，他认为这样对削弱他狭隘偏见的性格很有好处。他还常常提醒自己，如果有些人和这种报纸在自己看来是疯狂的、乖张的，甚至是可恶的，那么不应该忘记人家看你也是这样的，双方的看法有差异是正常的，但不可能都是错的。如果能这样审慎思考就能对待别人的不同意见了。

无可否认，不管在哪个国家和民族，坦诚、有礼貌的人大都不会让人觉得讨厌，人们也愿意和他敞开心扉交流和沟通，这样的人也会拥有越来越多的朋友和发展空间，他们的路也会越走越宽广。所以，为了成为一个有涵养、有朋友的人，我们必须从小事中、从细节中培养自己的坦诚品质，克服自私的心理和自命不凡的虚荣心。正确看待他人的意见，这说来简单，但却能真正考验一个人的性格和心理素质。如果我们能让自己通过这种考验，那离成功也就不会遥远。

树立正确荣辱观

南怀瑾认为，好强是人立世之本，因而，真正的展示教养与才华的自我表现绝对无可厚非；但刻意地自我表现则是愚蠢的。

也就是说，在生活中，如果你不善于"显示自我"，就可能会变得默默无闻。因此，适度地表现自己、勇于推销自我是非常必要的，但是一定要把握住分寸，千万不要过于虚荣，时时、处处都想"出风头"，那样容易摔跤。

心理学家发现，虚荣心强的人有极强的自我表现意识，喜欢以自我为中心、感情夸张、虚荣心比较强烈、好胜心也很强、易受周围环境的影响、意志不坚定、常把希望寄托于不切实际的幻想之中。这类人积极地追求名誉和威信，有时会不顾自己的实际情况，轻率地做出举动。他们总是竭尽全力让别人注意自己，总是努力使自己成为人群中的焦点，成为被认可被接受的对象。同时他们也对别人有很大兴趣，因为他们要建立自己的形象，

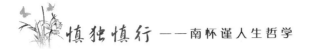

就必须先知道别人在干什么，别人想什么。他们的社交比较广泛，尤其喜欢与名人交往，希望借此得到一种精神上的满足。不过他们与别人的交往，一般不是那种情感上的交往和心灵上的沟通，而是他们因为想表现自己而采取的一种方式。

这类人看问题很少考虑对方的立场，只要符合自己心意的，就想当然地认为也一定符合别人的心意。他们尽力证明自己高于一般人，向人们展示他们的"优势"，尽管这需要一定的付出作为代价，但他们认为这些代价都很值得。这类人喜欢逃离现实，到一种理想主义的境界里自由地飞翔。

这种虚荣心过胜的人其实容易树敌和走极端，但虚荣心是人的天性之一，因此，在生活中，为了克服不适当的虚荣心理，应该从以下几点来努力：

（1）树立正确的人生目标

一个人追求的目标越崇高，对低级庸俗的事物就越不会倾注心思。历史上许多伟人往往不很看重荣誉本身。比如居里夫人一生躲着亲人的赞美，她和丈夫认为科学不是为了谋个人的荣誉和私利，而是为人类谋幸福。

（2）正确地对待别人对自己的评价，正确地认识自我

虚荣心与自尊心是紧密联系的，自尊心又和周围的舆情密切相关。因此，别人的议论、他人的优越条件，都不应当成为影响自己进步的外因，记住，决定自己能力的是付出的努力。一个人只有追求自信和自强，才能

不被虚荣心所驱使，才能成为一个高尚的人。

很多人在与周围各种各样的人接触中，很注意他人对自己的态度，他们想象他人对自己的评价，并以此作为一种客观标准而内化到自己的心理结构中去，并在这个基础上形成自我形象，达到自我认识，也就是说，他们对自己的形象的建立和认识，常常在与他人的接触、想象他人对自己的判断和评价中形成。这种自我认识特点，在一定程度上有利于深入认识自己，然而由于缺乏主见和过于依附他人的观点，因而有时容易无所适从，反而模糊自己对自己的准确认识，或自卑或自贬或盲目乐观。这样的思维极易产生不恰当的虚荣心理。因此，一个人必须学会正确地认识自我。而自我观察法是认识自我、剖析自我的最好方式，人通过自我体验来了解自己的心理状态，承认自己的能力，坦白自己有不能干的方面，许多虚荣的做法就能避免。人只有充分认识自我能力及自身状况后，才能极大地发挥自己的能力优势，使自己的行为更加合理、更加适应外界环境和社会要求，克服虚荣心理，正确解决荣与辱这一人生课题，促进身心健康。

（3）追求真实的荣誉

社会上的一切物质和精神财富皆是劳动创造，这个道理是很浅显的。因此，我们不应抱有不经过努力就可以得到财富和荣誉的心理。任何人都只有通过自己的劳动和创造为社会做出贡献才能得到荣誉及财富，这是必然的。

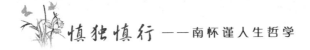

（4）树立正确的荣辱观

人活在世上要有一定的荣誉与地位，这是正常心理的需要。但是，如果过分地追求荣誉"显摆"自己，就会使自己的人格受到挤压，从而走上扭曲的道路。所以，我们要对荣誉、地位、得失、"面子"持一种正确的认识和态度，学会正确看待失败与挫折。

我们不要害怕失败，"失败乃成功之母。"一个人必须从失败中总结经验，从挫折中悟出真谛，这样才能建立自信、自爱、自立、自强的信念，从而消除虚荣心。

（5）把握好"攀比"的尺度

攀比是人常有的心理，但是要把握好"攀比"的尺度与分寸：要多立足于社会价值而不是个人价值的比较。如比一比个人在社会中的贡献和功德，而不是只比工资收入、待遇的高低；"攀比"要立足于健康而不是病态的比较，如在工作中应比实绩、比效率、比进步，而不是贪图虚名，嫉妒他人，表现自己；要从个人的实力上把握好比较的分寸，能力一般的就不能与能力强的相比较。人不比较，能拥有更幸福的人生。

与人交往，要注重礼节和礼貌

中国是礼仪之邦，礼乐文明是中国文化的载体，"礼"也是中国封建社会的行为守则，有礼仪，从一定程度上反映出一个人的内在品格和道德修养。

南怀瑾在推崇中华礼仪之邦的文明时特别强调了讲究礼仪的方式——那就是在与人交往时，应注重礼节和礼貌。他认为，虽然从外表上看，礼貌是一种交际表现形式；但从本质上讲，礼貌反映着我们对他人的一种关爱之情，也是人们在交往时相互表示敬重或友好的行为规范。

人外在的行为举止是其内在本性的表现，它反映出一个人的情感、性格以及习惯。这些经过长时期养成的个人的行为方式，乃是一个人本身性格、气质、禀性的综合反映。时至今日，虽然很多人已经抛弃了旧有的诸多陈规陋习，在文化传统中以知书达理为荣，在行为准则上有一定的礼仪规范，但也有些人却不注重在交往中的礼貌礼仪问题。

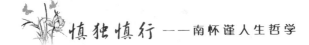

追溯源远流长的五千年中华文明史，礼在中国人的思想观念中是一个神圣的概念，中国人向来就把礼节礼貌看成一个人有教养的标志。古代要求人们交往时要"礼尚往来"，如果"往而不来"，则"非礼也"；"来而不往"，"亦非礼也"。并规定在交往时"不失足于人，不失色于人，不失口于人"，即不要在行动上失礼，不要在态度上失礼，不要在语言上失礼。认为"使人以有礼，知自别于禽兽"，"夫礼者，自卑而尊人"。即人与禽兽之别，在于有礼仪。有礼仪礼貌的人，谦卑而尊人。

中国历朝历代，不同民族、不同社会对礼节礼貌的要求不尽相同，但其本质是共同的，即均要求品德高尚，行为端正，待人诚恳和善、态度谦恭，言谈举止有分寸。这些有礼有仪的行为举止在很大程度上来源于一个人内在的涵养。

中国人在表达礼节和礼貌时通常要遵循以下的基本原则：

一是尊重的原则。

礼节、礼貌是以尊重他人和不损害他人利益为前提的。人际交往时要尊重他人的人格，尊重是讲究礼节、礼貌的情感基础。

二是遵守的原则。

礼节、礼貌属于社会公德，它是社会中维系正常的生产方式和交往中约定俗成的行为规范准则，是一个社会全体公民共同遵循的最简单、最起码的公共生活准则，是每个社会成员必须自觉遵守的原则。

三是自律的原则。

礼节、礼貌是要通过教育与训练，通过自我约束，自我克制，逐渐形成自身的道德信念和行为修养的准则。

四是适度的原则。

礼节、礼貌在实际运用中要把握适度性，要在不同场合、不同对象的交往中，坚持不卑不亢、落落大方的态度，也就是，既要彬彬有礼、热情好客，又不可轻浮谄媚、妄自菲薄。

比如在待人接物过程中，一个人的一举一动，一言一行都是其内在美的外在表现，都应展现出良好的风度。而良好的风度集中表现为不卑不亢，落落大方。

不卑不亢是一个人待人接物时的基本要求。不卑即是不妄自菲薄，不在别人面前低三下四，不丧失做人的气节，不见利忘义。不亢即是不盛气凌人，不夜郎自大。

落落大方是指举止自然，不拘束。"大方"一词出自《庄子》，说的是河伯开始自以为了不起，后来见到大海才自愧不如，发出感叹："吾长见笑于大方之家。"而后"大方"延伸出"见识广博，懂得大道理"的意义。以后这一词又逐渐演变成"不吝啬、不拘束、不俗气"的形容词。落落大方的人大多指的是见多识广的人，是善于学习的人，能适应于各种环境，在待人接物、处理各种人际关系时显得有礼有节、有文明。

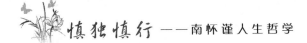

得体恰当的语言是一个人在社交时是否有礼貌的外在表现。如果表达方式不恰当，就会使对方误解，造成彼此间的隔阂。所以，在与人交往时还要注意以下几个方面：

（1）对待他人的年龄

对年长的人，最好谦虚些，年长的人往往经验比年轻人丰富得多，阅历亦多。与他们谈话，切不可嘲笑他们所说"老生常谈"、"老掉牙了"、"过时了"，应该持尊重的态度，即使自己不认为正确也要注意聆听，而后再提出自己的意见。

另外，对于年长的人，最好不要轻易问他们的年龄，这会使他们感到难堪和颓丧。所以，在与年长的人谈话时，不必提起他的年龄，而应只去称赞其能干，这样所说之语就会让年长的人感到贴心，进而产生亲切感。

对于年龄相仿的人，态度可以稍微随便些，但也应该注意分寸，尤其注意场合。在一些正式场合中，不可出言不逊，伤人自尊。还有，在同自己年龄相仿的异性说话时，要注意，不宜乱开玩笑，不可态度暧昧，以免引起一些不必要的猜疑。

对于年龄比你小的人，要注意一定的"度"，自己应该保持稳重、深沉的态度。年纪较小的人，有些思想可能太冒进，或知识经验不及你，所以与他们谈话时，要注意不要对其随声附和，但也不要同他们进行辩论，不可执意坚持自己的意见。只需让他们知道，你希望他们对你有适当的尊敬，他们就会因此而保持适当的态度和礼仪。而且谈话时千万不要夸夸其谈，卖弄经验，在自己的知识范围外信口开河。否则，一旦被他们发觉你所谈的是错误的，就会降低他们对你的信任与尊重。

（2）对待他人的地位

和地位高的人交往，人总觉得有一种自卑感，从而木讷口钝，思想迟缓。有人为改变这种情况，走到了相反的极端，即对地位高的人高声快语，这实际上会显得粗鲁无礼。这两种态度都是不可取的。

与地位高于你的人交往，应采取尊敬的态度。一则他的地位高于你；二则他的能力、知识、经验、智慧也显然比你高，所以应该向他表示敬意。需要注意的是，与这样的人交往，必须保持自己独立的思想和人格独立，不要做一个应声虫，使他认为你唯唯诺诺，没有主见。如果双方交谈，要认真倾听他们的谈话，倾听时不要插嘴，要全神贯注，该到自己发表意见时，态度应轻松自然、坦白明朗，回答问题要适当。

与地位较低的人交往，不要趾高气扬，应该和蔼可亲，庄重有礼，避免高高在上、轻视的态度。

（3）对待他人的性别特征

交往时，要注意性别不同，方式亦大为不同。

同性之间的交往不能随便，异性之间更应当特别谨慎。这当然并不是指男女授受不亲，但起码"男女有别"。比如一位男性对待一位不相识的女性，不能举止轻浮地搭讪挑逗；比如，同是女性，对关系很好的女性，也不能开过分的玩笑，尤其是男女关系方面的。

女性与男性讲话，态度要庄重大方，温和端庄，切不可搔首弄姿，过于轻浮。自尊自爱的女性才能让男性尊重你。

（4）对待他人的语言习惯

我国地域广阔，方言习俗各异，在社交中尤其要特别注意这点。不同的地方，语言习惯不同，自己认为很合适的语言，有时在其他人听来也许很刺耳，甚至认为你是在侮辱他。

比如：小齐是西北某地区人，而小秦是北京人。一次两人在业余时间闲聊，谈得正起劲，小齐看见小秦头发有点儿长了，就随口说："你头上毛长了，该理一理了。"不料小秦听后勃然大怒："你的毛才长了呢!"结果两人不欢而散。无疑，问题就出在小齐的一个"毛"字。

小齐那个地方的人管头发叫作"头毛"，小齐刚来北京时间不长，言语之中还带着方言，因此不自觉地说了出来。而北京却把"毛"看作是一种侮辱性的骂人的话，什么"杂毛"，"黄毛"，无怪乎小秦要勃然大怒了。

还有许多其他地方的语言习惯，如北方称老年男子叫老先生，但如果上海嘉定人听来，就会当是侮辱他。安徽人称朋友的母亲为老太婆，是尊称，而在浙江，称朋友的母亲为老太婆那简直就是骂人了。

各地的风俗不同，说话上的忌讳各异。在与别人交往的过程中，必须留心对方的忌讳话。如果一不留心，话脱口而出，不合他人心意最易伤彼此间的感情。当然，如果是对方知道你不懂得他的忌讳，还情有可原，但至少你还是冒犯了他，在双方的交谊上是不会有增进的，因此说话时要特别留心。

（5）对待他人与自己的亲疏关系

倘若对方与己不是相知很深的朋友，你也畅所欲言，无所顾忌，那么，对方反应该如何呢？还有，如果你说的话是属于你的私生活，那么，对方很多时候不愿听。所以，如果彼此关系浅薄，交情不深，你与他人深谈，则显得你没有修养；如果你说的话是关于对方的，你不是他的诤友，则是忠言逆耳，显得你冒昧；还有，你说的话倘若是其隐私，对方主张如何，你并不清楚，却偏高谈阔论，容易招惹一些不必要的麻烦。

所以，人与人交往必须注意与他人的亲疏关系，对关系不深的人，大可聊聊闲天儿，海阔天空，对于个人的私事还是不谈为好。当然，这并不等于对任何人都要遮遮盖盖，见面说话绝不超过三句话，而只说些不痛不痒的"大面话"。如对待交情匪浅的朋友，可以不断地交流思想，促膝谈心，互相关心，可谈一些对方的生活与私事，可替对方出出主意，排忧解难。这样，还可以增进彼此间的团结与友谊。

毋庸置疑，在现实生活中，一个人的举止是否优雅、言行是否得体，对于一件事情的成败往往有直接影响。即使是最普通的人，只要他的行为

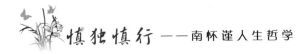

得体，举止规范，言谈有度，无形中就会使人肃然起敬，与其交往的过程中会产生让人感到愉悦的心理。当然，人们应该重视平日一点一滴的言行，养成有礼有节的文明习惯，这样才能树立起良好的个人形象，让人尊敬和爱戴。

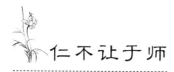

仁不让于师

孔子曰："君子和而不同，小人同而不和。"这就是说，君子能够真诚待人，能以自己正确意见来纠正他人的错误意见，使一切恰到好处；小人则一味附和、讨好他人，不肯提出不同意见。比如，孔子明确表示，对君主应采取"勿欺也，而犯之"的态度，就是不要为讨君主的喜欢而欺蔽他，而应以诚实的态度提出自己的正确意见，哪怕是冒犯君主。

南怀瑾也认为，人与人之间本就应当坦诚相处，相互督责，相互启发。向他人提出不同的意见是帮助他人的一种方式。他举例说孔子本人就是一位善于接受不同意见的人，甚至是其弟子们的意见。比如孔子在谈及颜回时说："颜回不是在帮我啊，他对我说的话虚心接纳，从未提过反对意见。"孔子公开主张："学生应当仁不让于师。"

南怀瑾说：人与人交往要遵循一些原则。每个人都是独一无二的，每个人的特殊的遗传基因的组合，决定了他们有不同的生理条件；出身背景不同，所受的教育不同，人生经历的不同等等，决定了每个人都会拥有自己不同的思想情感、性格气质、思维方式。在一个文明的社会里，只要个人的行为不妨碍社会的健康发展，不妨碍他人的生活，它就有存在的权利，而任何人都没有权利也不能消除这种差异。因此，我们不能指望得到每个人的首肯，不能与每一个人都成为知心的朋友，你也不可能喜欢所有的人，你可以不欣赏、不喜欢他人，但是你不能轻视他人，人只是和你"不同"而已，你要尊重这种"不同"；也不要在与别人交往中，一味地迁就别人，从而丢掉自己的个性。

孔子认为的"君子和而不同"，意思就是有差别才有和谐。人与人的交往贵在求同存异，君子之间的交往贵在求和谐，但是并不是一味地投别人的所好；小人的交往是"同而不和"，凡事都说"好好好、是是是"，但相互之间却难得和谐。"和而不同"应该是我们与人交往的基本原则。

所以我们要牢记；朋友间的交往要恰如其分。在我们的生活当中，可能我们都会遇到一些意见、看法跟自己南辕北辙的人。除非是明显违背了真理，否则我们应学会用宽容的心接纳这些不同的声音。"君子为人，和而不流"，即小事"和"，而大事"不流"。

当然容纳别人的观点不是一件很容易做到的事情，它要求我们首先要开放自己的心灵，人只有具备了这种开放性，才能像著名物理学家玻尔认为的，如果你把两种对立的思想结合在一起，你的思想就会暂时处在一个不定的状态，这种思想的"悬念"使思考活跃起来并创造出一种新的思维方式。对立思想的纠结缠绕为新的观点的奔涌而出创造了条件，这样，你的思想也就发展到了一个新的水平。同玻尔本人有很大关系的微观粒子的波粒二象说，就是这种思维策略取得成功的一个典型事例。

所以，我们能否更好地与人相处并从相处中获得更多的益处，首先必须肯定他人与我们有不同的观点，而这是克服主观、武断之妙法。如果你觉得那些不同的观点是缺乏理智、蛮横无理、令人厌恶的话，你就得提醒自己：在他们的眼中，你说的话或许也是如此。

我们都知道，《说唐》里鼎鼎大名的尉迟恭是一名莽勇的将军，却不知他在《唐史》里，却是一位以"和而不流"著称于世的君子。

有一次，唐太宗李世民闲暇无事，与吏部尚书唐俭下棋。唐俭是个直性子的人，平时不善逢迎，又好逞强，与皇帝下棋却使出自己的浑身解数，架炮跳马，把唐太宗的棋打了个落花流水。

唐太宗心中大怒，想起他平时种种的不敬，更是无法抑制自己，立即下令贬唐俭为潭州刺史。这还不罢休，又找了尉迟恭来，对他说："唐俭对我这样不敬，我要借他而诫百官。不过现在尚无具体的罪名可定，你去他家一次，听他是否对我的处理有怨言，若有，即可以此定他的死罪！"

尉迟恭听后，觉得太宗这种做法太过分，所以，当第二天太宗召问他唐俭的情况时，尉迟恭只是不肯回答，反而说："陛下请你好好考虑考虑这件事，到底该怎样处理。"

唐太宗气极了，把手中的玉笏狠狠地朝地下一摔。转身就走。尉迟恭见了，也只好退下。

唐太宗回去后，一来冷静后自觉无理，二来也是为了挽回面子，于是大开宴会，召三品官入席，自己则主宴并宣布道："今天请大家来，是为了表彰尉迟恭的品行。由于尉迟恭的劝谏，唐俭得以免死，使他有再生之幸；我也由此免了枉杀的罪名，并加我以知过即改的品德，尉迟恭自己也免去了说假话冤屈人的罪过，得到了忠直的荣誉。尉迟恭得绸缎千匹之赐。"

唐太宗这样做，当然是因为他"明正"；假如尉迟恭真的按他的话去陷唐俭而致其死，又安知唐太宗日后"明正"起来，不治罪尉迟恭呢？

在这个例子里，我们看到了真正的君子在对待问题有不同看法时的正确做事方式，这就是："弱者惧怕他人的意见，愚者抗拒他人的意见，智者研判他人的意见，巧者诱导他人的意见。"

在日常生活中，我们与朋友相处也是一样，朋友之间，在非原则问题上应谦和礼让，宽厚仁慈，多点糊涂；但在大是大非面前，则应保持清醒，不能一团和气。人在大是大非的原则问题上坚持正义，见不义不善之举应提出反对的意见，就算不能阻止他人，自己一定也不能参与。这种正直的品德，至少对得起自己的良心。如果是真心待人，天长日久，他人自然会了解你的为人和品格，更愿意和你交往。

展现本色，做真实的自己

南怀瑾认为，我们每个人都是世界上独一无二的个体，如果有谁太在乎别人的评论而改变自我，或因心中崇拜别人而追着偶像的影子走，那是一件很可笑的事。

现实中很多人认为别人需要看到强大、能干、成熟的自己，却忘记了什么才是真实的自我。他们太渴望表现得像自己想象的那样强大了，结果使真实的自我戴上了伪装的面具，这是苦恼的根源。

的确，做真实的自己，时刻保持内心的警醒，不迷失自己，说起来容易，做起来却很艰难。

2004年度诺贝尔文学奖获得者、奥地利女作家埃尔弗里德·耶利内克在知道自己获奖后，宣布她不会去瑞典的斯德哥尔摩领取诺贝尔文学奖。她并不期待着自己成为一个万众瞩目的名人，她觉得这不是她极力追求的目标。她说，在得知获得这一如此崇高的奖项之后，自己第一感觉到的"不是高兴，而是绝望"。耶利内克说："我始终没有想过我本人会获得诺贝尔奖。也许，这一奖项最应颁发给另外一位奥地利作家彼杰尔·汉德的。"

我们不一定认同这位获奖者的反应是最好的，然而难能可贵的是，她在面对巨大的荣誉时，完全保持了自己的本色，很清楚自己是谁，应该做些什么。耶利内克认为她写作的本意不是为了得奖，并且认为有比她更该得奖的作家，这显示了她的诚挚，也体现了她的谦虚。

但现实是，很多人在日常生活中常常这山望着那山高，总认为别人的一切都好，甚至会为了自己的事业和生活或多或少地去伪装自己，这当然是情有可原的，因为人人都想成为强者，希望拥有更多的光环。但反之，这也是一件可悲的事情，因为总是看着别人，会忘掉自己，永远也不可能成为别人眼中的独特的你。

黑格尔说过："存在的即是合理的。"引申说来，就是展现自己的本色，才是人生成功的坦途，暂时的伪装是支撑不了事业的大厦的。

比如中国古代就有毛遂自荐的故事，毛遂的成功关键点之一就是敢于在秦穆公的众多门客中力荐自己，从而脱颖而出。这在当时那个封闭保守、人人都以自谦甚至虚伪的相互吹捧之风盛行的封建社会是何等的难能可贵。而这与古代那些很多有才华的读书人因为不敢展示自己真实的本色，而始终固守在怀才不遇的小圈子里的人又是多么强烈的对比，由此可见，做真实的自己不仅是心理的需要，也是事业的需要。

无独有偶，美国著名的作曲家盖许文和大作曲家柏林初次见面的时候，柏林已很有名，而盖许文还是一个刚出道的年轻作曲家，一周只赚35美元。柏林很欣赏盖许文的能力，就问盖许文想不想做他的秘书，薪水大概是他当时收入的三倍。柏林忠告说，"如果你接受的话，你可能会变成一个二流的柏林；但如果你坚持继续保持你自己的本色，总有一天你会成为一个一流的盖许文。"盖许文注意到这个忠告，他没有接受做柏林秘书，后来他慢慢地成为美国最重要的作曲家之一。

现今展示个性、展现真实的自我是日益成为西方国家崇尚的传统。卓别林，威尔·罗吉斯，玛丽·玛格丽特·麦克布蕾，金·奥特雷，以及其他成千上万的取得成就的人，尽管在成功之路上很辛苦，但都保持了自己的本色。

卓别林开始拍电影的时候，那些电影导演都坚持要卓别林去学当时非常有名的一个德国喜剧演员，但是卓别林保持了自我，直到创造出一套自己的表演方法。鲍勃·霍伯也有相同的经验。他多年来一直在演歌舞片，结果毫无成绩，一直到他发现自己有说笑话的本事之后，才成名起来。威尔·罗吉斯在一个杂耍团里，不说话光表演抛绳技术，干了好多年，最后才发现自己在讲幽默笑话上有特殊的天分，最终一举成名。玛丽·玛格丽特·麦克布蕾刚刚进入广播界的时候，想做一个爱尔兰喜剧演员，结果失败了。后来她发挥了她的本色，做一个从密苏里州来的、很平凡的乡下女

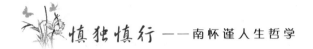
孩子，结果成为纽约最受欢迎的广播明星。金·奥特雷刚出道时候，想改掉德州的乡音，穿得像个城里的绅士，自称是纽约人，结果大家却在背后笑话他。后来他开始弹五弦琴，唱他的西部歌曲，开始了了不起的演艺生涯，成为全世界在电影和广播两方面都有名的西部歌星。

郑板桥说："千磨万击还坚韧，任尔东西南北风。"纵观这些古今中外的事例，可以发现很多人的成就都是用一颗本我之心开创了自己的生活天地，走向了真实的、美丽的人生。

我们只能唱自己的歌，只能画自己的画，只能做一个由自己的经验、环境和家庭所造就的自己。不论好坏，我们都得自己建造自己的花园；不论好坏，我们都得在生命的交响乐中演奏自己的乐曲。所以，我们要做真实的自己，要像古人说的那样"觑破关头"，摒除邪念，保持自我，展现真我的本色。

第三章

常想两件事：
别人的好处，
他人的难处

时常多想别人的好，时常多报别人的恩

现在社会上很多人常常说社会的不好，别人的不是，命运的不公平，总之好像自己是天下最不幸的人，所有人都对不起自己，一切"坏事"都让自己碰上了。对这种人我们能说什么呢？只能说，他们是心态不健康的人。

其实，我们有没有静静的想过，我们每个人生而为人，最应该珍惜、最应该感谢的是什么？我们应该怎样看待自己和他人的生命？

南怀瑾在谈论这个问题时认为，生命是一种感动，需要我们用心去感受它，用心去珍惜它。世界上最大的悲剧或不幸，就是一个人大言不惭地说，没有人给我任何东西。如果一个人总觉得别人欠他的、社会欠他的，从来不想到别人和社会给他的一切，这种人心里只会产生抱怨，不会产生感恩。

有些人，在得到了金钱、地位、名誉之后，在鲜花与掌声之中，并没有我们想象中的那么幸福。他们整天叫苦连天。口口声声说老板不理解他们，同事不理解他们，下属不理解他们，客户不理解他们，就连父母、妻子、孩子也不理解他们。这其实都是心态有了问题。

在古代民间有这样一个广为流传的故事：

有一次，一个读书人家被盗，丢了很多东西，一位朋友闻讯后，连忙写了一封信安慰他，劝他不必太在意。读书人给朋友写了封回信，大意是说："仁兄，谢谢你来信给我安慰，我现在很庆幸，因为：第一，贼偷去的是我的东西，而没有伤害我的生命；第二，贼只偷去我部分东西，而不是全部；第三，最值得庆幸的是，做贼的是他而不是我。"

故事很短，但对人的启示良多：对任何一个人来说，被盗绝对是一件不幸的事，晦气又恼火，而这个读书人却找出了感恩的理由，从中我们可以看出中国传统文化对生命的理解。

中华民族历来崇尚感恩，很多人也常心怀善念，容易知足和感恩。他们认为再没有比活着更值得庆幸的事了，所以他们感谢父母、兄弟、朋友，甚至天地万物。他们感谢父母给了自己生命，让自己来到这个五彩缤纷的世界，感谢他们把自己抚养成人；他们感谢爱人，是爱人的理解和包容使自己享受到了无微不至的关怀，得到了爱；他们感谢师长朋友，为自己的成长倾注了心血；他们感激自然界的日月星辰、山川河流，蓝天白云、红花绿草和飞鸟游鱼，是他们养育了万物，愉悦了自己，使世界变得五彩斑斓，让人欢心；他们感谢生活中的一切，因为，活着本身就是上天赐予的最大恩赐。

南怀瑾认为，感恩是爱的根源，也是快乐的源泉。如果我们对生命中所拥有的一切都能心存感激，我们便能体会到人生的快乐，人间的温暖以及人生的价值。感恩之心会给人们带来无穷无尽的快乐。而人为生活中得到的每一样"东西"都应感恩，因为"所有的一切"能让自己感到知足与快乐。所以，有感恩心，是人性中最善良、最能体现人区别于动物的高尚的品质。

从道德本质上说，感恩其实是一份美好的情感，健康的心态，是内心的良知，也是生活的动力。明白了这个道理，一个人的人生才会充满情意，充满欢乐。不懂得这个道理，生活便会黯然失色，没有一点儿滋味。

感恩本来是很浅显的道理，但在经济越来越发达的当今社会，很多人却在浮躁中迷失了自己，忘记了感恩这个最基本的命题。在许多人看来，只有过得幸福、快乐的人才会有恩可感，自己不如意，又有什么可感恩的呢？

其实，一个人活得幸福不幸福，快乐不快乐，并不在于拥有财富的多少，地位的高低，或成就的大小，而在于他用什么样的心态来看待自己和自己周围的世界。每个人的生活中皆隐藏着许多美妙的事物值得感恩。如果你不感恩，只知一味地怨天尤人，那你最终可能一无所有，而如果你能感恩生活，生活就将赐予你无限灿烂的阳光！

所以，我们应该培养自己：知恩感恩，有感恩意识。虽然我们人生中无法改变和预测的事情的确很多，但是，只要我们常怀一颗感恩的心，勇敢地面对生活中的坎坷，坦然接受命运的挑战，豁达地看待事物，坚持再坚持，就会让自己在"山重水复疑无路"时，体会到"柳暗花明又一村"的惊喜。而我们也只有有了感恩之心，生命才会得到滋润，并时时闪烁着纯净的光芒。

宽以待人，严以责己

南怀瑾认为，中国传统文化以仁治天下，在评估一个个性完整的人应该拥有那些美德时，很重视他与外面世界接触以及与他人交往的能力。中国古来就有"君子宽以待人，严于责己"的处世方法，这是非常可取的，也就是说要多从自己身上找原因，多体谅别人的难处。这种人生智慧和处世哲学对每个人都非常有用。

唐朝开元年间，有位梦窗禅师，他德高望重，并且还做了本朝的国师。有一次，他搭船渡河，渡船刚要离岸，远处来了一位骑马的将军，大声喊道："等一等，等一等，载我过去！"他一边说，一边把马拴在岸边，拿了鞭子朝小船走来。

船上的人纷纷说道："船已经开了，不能回头了，干脆让他等下一回吧！"船夫也大声喊道："请等下一回吧！"将军非常失望，急得在水边团团转。

这时，坐在船头的梦窗禅师对船夫说道："船家，这船离岸还没有多远，你就行个方便，掉过船头载他过河吧！"船家一看，是位气度不凡的出家师傅开口求情，就把船开了回去，让那位将军上了船。

将军上了船后，就四处寻找座位，无奈座位已满。这时，他看到了船头的梦窗禅师，于是拿起鞭子就打，嘴里还粗野地骂道："老和尚，快走开，没看见你大爷上船了吗？快把座位让给我。"这一鞭正好打在梦窗禅师的头上，鲜血顺着他的脸颊汨汨地留了下来。禅师一言不发，起身把座位让给了那位将军。

看到了这一切，大家心里既害怕将军的蛮横，又为禅师抱不平，纷纷窃语：这将军真是忘恩负义，禅师请求船夫回去载他，他不仅抢了禅师的位子，还要打人家。从大家的议论声中，将军明白了一切，他心里非常惭愧，懊恼不已，但身为将军，他又不好意思认错。

不一会儿，船到了对岸，大家都下了船，梦窗禅师默默地走到了水边，洗掉了脸上的血污。此时，那位将军再也忍不住了，他走上前去，跪在禅师面前，忏悔道："禅师，我真对不起你。"

不料，梦窗禅师不仅没有生气，反而心平气和地说："不要紧，出门在外，难免心情不好。"说完转身走了。

禅师的胸怀很大，很宽广。

生活中，他人的行为很难符合我们的期望，有时甚至可能会给我们带来"被冒犯"的感觉。这时候，我们最好的办法就是努力去理解别人。这虽然不容易，但如果努力去修炼心性，是可以做到的。具体有如下建议可供参考：

（1）保持积极的心态

积极的心态，也就是说，不带任何情绪化的心理，这种心态要求人要学会倾听，并边听边思考，这样才能会了解更多的信息。在倾听中，多思考"他人说的话中最可取的是什么？"或者"我可以从中学到什么？"这样较容易化解误会。

你不妨使用下述几种认真倾听的方法：

"你究竟在担心什么？能说得更详细一点吗？"

"你为什么对这件事特别担心呢？"

"如果你……那结果又会是如何呢？"

"能说得详细一点吗？我还是不太明白。"

（2）将心比心，循循善诱

我们应该知道，有的人并不关心你是否与他们持相同的观点；相反，他们只是想找个人倾诉衷肠。

在别人欲言又止的时候，如果你说"你究竟在担心什么？和我说说好吗？"或"现在我明白了，难怪你会感到这么沮丧"，而不是粗暴地打断别人的思考："喂，你没看见我正忙着吗？"或者："这是某某人的错，关我

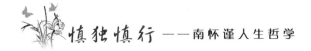

什么事呀?"则更容易改善人际关系的方式。像草草结束谈话、颐指气使或者给人脸色,都是不可取的行为,它将直接影响到交际的质量。

同时,在对待某些问题上,不必非得持某种极端立场,你完全可以采取相对中立的态度。你可以说:"我知道了";或:"我明白了";或:"你能不能把整个事情的前前后后跟我说说呢?"而不必说:"噢,我知道你的言下之意了";或者:"这样是不对的"。

(3)不要总以为自己正确,总想去说服别人

当两人谈话都固执己见,而且显然把自己的观点视为最佳方案时,交谈很可能不欢而散。此时一方最好用一些试探性的问题来使谈话再继续下去:"可以看得出来,你对这种方法十分满意。你认为这种方法的最大优势是什么呢?""如果你不得不采取另一种策略的话,那么你会怎么做呢?"这几种方式,会令双方谈话时不产生僵持或者骑虎难下的现象。

记住:不要总去想说服别人。因为这其中可能夹杂着过多的个人喜好。相反,在交谈中,如果双方发生了分歧,那么应该尝试着寻找一个共同点,比如双方都感兴趣的是什么。这才是最佳的避免僵局的方法。

(4)他人所说的和我们所理解的可能大相径庭

我们往往倾向于用以往的经验和现在的假设来揣测他人的话语,所以才会出现很多误会。如果我们多反思一下自己,比如就一个可能引起误会或分歧的"点上",不钻牛角尖,将说话者的意思复述一番,然后问他:

"我理解得正确吗？"就可能避免很多不必要的矛盾产生。

（5）当对方对你反应不佳或者态度冷淡时，不要误以为一定是冲着你来的

事实上，有的人心情不好、反应冷淡仅仅是因为出于某种担忧，或是因为遭受了某种挫折，而不是因为你说错了什么。所以，要善解人意，不要过多地猜测别人的话是否针对你，否则容易造成自己心理不平衡。

当你批评与你意见相左的人时，当你要抨击他人时，当你即将失去理智时，你必须三思而后行，你要设身处地扪心自问："要是他处在我的处境，他会怎么做？"人要为自己的权益而战，但是不要为仇恨、报复、指责而战。

只有善良的心地才能开出朵朵清净的心莲

很多人苦恼于不知如何处理自己与别人的人际关系，他们要么抱怨某人脾气不好，总是大喊大叫；要么抱怨某人不懂礼貌，不知道感恩……南怀瑾认为，如果你的人际关系亮起了红灯，不要再埋怨别人如何了，先从自我做起，多与人为善，多为别人考虑一点，这不仅仅是修身养性的秘籍，也是建立良好人际关系的捷径。

中华民族是热爱友好与和平的礼仪之邦，自古以来，中国的先哲们就认为，生命的意义在于设身处地替人着想，忧他人之忧，乐他人之乐，说到底，与人为善就是这种精神的内核。

为别人多考虑一点，从更深层次讲就是一种伟大的善良，是一种爱心传递的表达形式，这种爱的形式可以拉近人与人之间的距离，让温暖充满你的人脉圈。

禅宗常常将与人为善、吃亏是福联系起来，但有的人或许有这样的疑问：善良的人总是为别人考虑的多，为自己考虑的少，这样会容易吃亏，这值得吗？

禅宗是这样诠释其中的含义的：慈悲不是出于勉强，它是像甘露一样从天上降下尘世；它不但给幸福于受施的人，也同样给幸福于施与的人。也就是说，善良是人的天性。善良的人总以一种慈悲的胸怀看待他人，他们能够在别人需要帮助的时候伸出援助，在别人犯错或触及自己的利益时一笑置之。他们不会轻易动怒，因为他们总是能够从别人的角度来考虑问题，这种生活习惯造就了他们良好的脾气，给予了他们平和的心态和健康的身体，成为他们与别人建立良好关系的基础。

《梵网经》云："勿轻小罪，以为无殃；水滴虽微，渐盈大器。刹那造罪，殃堕无间；一失人身，万劫不复！"也是提醒世人行善造恶自有因缘果报，不可不慎！

北魏时，南岳慧思大师，年少时，即以"弘恕慈育"获得邻里的称赞。大悟后的大师，声名远播，受到当时论师的嫉妒，后来，他的一生中数度受人毒害，但大师均能幸免于难。在大师四十三岁时至南州讲大乘经，当时的论师，因为嫉妒，用计断绝檀信不令送食。大师只好派遣弟子乞食以济命。许多论师陷害并令大师屈辱，并不能使大师生退却心和起怨憎心。大师反而发愿造《金字般若经》及《法华经》，以此功德资福末世众生。并且在《发愿文》中发愿：愿现无量身于十方国讲说是经，使令一切迫害

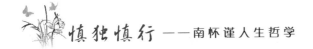

他的恶论师们，于佛道中都能获得信心。

大师的胸襟，湛然光明、豁达无碍，于宽恕中发出慈悲的愿力，不只是降服诸魔障；更耀射出佛法慈愍众生的胸怀。

这个故事让我们懂得了什么？"修善如春日之草，未见其长而有所增；行恶如磨刀之石，未见其灭而有所损。"是啊，与其埋怨他人的不友善，何妨善解他人不友善的因缘，这样我们才能宽厚的面对生活；与其在意他人行事的不圆满，何妨以同理心理解对方的处境，这样才能理清我们力不从心的困顿和烦躁。人心怀善念，凡事皆能正思维，时时则祥和。人只有善良的心地，方能长出朵朵清净的心莲。

所谓："见秋毫之末者，不自见其睫；举千钧之重者，不自举其身；犹学者，明于责人、昧于恕己者。"一己之善，不但能为自己积功累德，也能利益他人；丝毫之恶，非唯损害自己的品格，也会危害到他人。如此辗转影响，如同在湖中投下一块小石头，涟漪不断地扩大，导致整个湖面水纹的波动，其影响层面绝非自己所能事先预料。所以，对世间人而言，起一个善念、说一句好话，乃至露出一个微笑，不但能够让内心越来越光明，也可以拉近亲子间的关系、提高公司的业绩、促进国家社会的和谐，甚至可以消弭种种人为的灾难。

由小因而成大果的例子，俯拾皆是。举例来说，当世界某个角落发生灾难需要援助时，大众尽己之力，从四面八方汇集而来的善款、救援物资、救援人力，即可形成一股强大的力量。

《佛经》中记载了下面这个故事。

一名高僧知道他的小沙弥徒弟只剩七日的寿命，于是慈悲地让他回家探亲。途中，正好遇到一场大雨，小沙弥发现一群蚂蚁正努力地从积水的地方爬出，但却不断地被雨水冲回去。于是小沙弥心生怜悯，先将它们一一救出，确定安全无虞后，才继续他的旅程。七日后，小沙弥又回到寺院，师父感到非常惊讶，于是入定观察，发现原来是小沙弥的一念慈悲心，不但救了蚂蚁，也增加了自己的寿命。

其实由蚂蚁可以推广到人类，在社会中，看到不如意的地方，返求诸己，而非一味怒火中烧，起一个善念、说一句好话、一个善意的响应，乃至露出一个微笑，不但能够让内心越来越光明，也可以密切彼此的关系，促进社会的和谐。这就是善良能够产生慈悲和力量，它是令所有困境一一化除，得到人际关系祥和的原因。

所以，懂得与人为善，我们的身边就会多些朋友。这也是处理复杂的人际交往的最佳手段，如果每一个人都做到了这一点，我们的身边就会多许多欢乐。

感恩的人才能赢得更多的朋友

现今社会上许多成功人士在谈到自己的成功经历时，往往过分强调个人努力的因素，事实上，每个人都获得过别人的些许帮助，一个人的成功个人的努力虽是关键，但很多来自于别人的帮助也是必不可少的。所以一个人不管什么时候，都应该保持感恩之心，尤其要记住那些曾经帮助过自己的人。

南怀瑾认为：我们要以感恩之心去面对生活中的每一天，生活中的每一个人。我们要感谢父母的恩惠，感谢国家的培养，感谢师长的教导，感谢别人的热忱帮助……因为，如果没有了这些条件，人很难在社会上生存下去。

比如，我们身为员工，是否想过：员工和公司老板之间的关系，不仅仅是雇用和被雇用的契约关系，在这种契约关系背后，是否也应该有一些感恩的成分？每一位老板和员工之间并非都是对立的，从雇佣的角度看，是一种合作共赢的关系；从情感的角度看，也有一份感情和友谊。员工是否要学会感恩，感激给他们提供工作的人，这是工作中必须具备的一种健康心态。

你是否想过写一张字条给上司，告诉他你是多么热爱自己的工作，多么感谢工作中获得的机会？感恩是会传染的，你感恩上司，上司也同样会以他的方式来表达谢意，感谢你所做出的贡献。

上司批评你时，应该认真聆听他的教诲，事后应该感谢他给予的种种帮助。感恩没有成本付出，却是一项重大的投资，对于未来极有助益！人永远都需要感恩。比如，推销员遭到拒绝时，应该感谢顾客耐心听完自己的解说，这样才有下一次的机会！感恩还要大声说出来，让他人知道你感恩他们。

如果你做到了上述这些，很快地，你会发现，生活和事业因感恩而变得更美好！

人的一生中，时时刻刻都要存感恩的心。感恩是无处不在的，并不是谁帮助了你、关怀了你才要感恩。感恩是一种心态，也是一种境界。常言道："滴水之恩，当涌泉相报。"这不仅是古代君子的行事风范，也是我们现今提倡的感恩原则。

管仲和鲍叔牙年轻的时候就相知甚深。二人早年合伙做生意，管仲出很少的本钱，分红的时候却拿很多钱。鲍叔牙毫不计较，他知道管仲的家庭负担大，还问管仲："这些钱够不够？"有好几次，管仲帮鲍叔牙出主意办事，反而把事情办砸了，鲍叔牙也不生气，还安慰管仲，说："事情办不成，不是因为你的主意不好，而是因为时机不好，你别介意。"管仲曾经做了三次官，但是每次都被罢免，鲍叔牙认为不是管仲没有才能，而是因为管仲没有碰到赏识他的人。管仲参军作战，临阵逃跑了，鲍叔牙也没有嘲笑管仲怕死，他知道管仲是因为牵挂家里年老的母亲。

后来，管仲和鲍叔牙都从政了。当时齐国朝政很乱，王子们为了避祸，纷纷逃到别的国家等待机会。管仲辅佐在鲁国居住的王子纠，而鲍叔牙则在莒国侍奉另一个齐国王子小白。不久，齐国发生暴乱，经过一番权力争夺之后，鲍叔牙辅佐的小白登上王位，就是齐桓公。

齐桓公一当上国王，就让鲁国把王子纠杀死，把管仲囚禁起来。齐桓公想让鲍叔牙当丞相，帮助他治理国家。鲍叔牙却认为自己没有当丞相的能力，他大力举荐被囚禁在鲁国的管仲。鲍叔牙说："治理国家，我不如管仲。管仲宽厚仁慈，忠实诚信，能制定规范的国家制度，还善于指挥军队。这都是我不具备的，所以陛下要想治理好国家，就只能请管仲当丞相。"

齐桓公不同意，他说："管仲当初射我一箭，差点儿把我害死，我不杀他就算很好了，怎么还能让他当丞相？"鲍叔牙马上说："我听说贤明的君主是不记仇的。更何况当时管仲是为王子纠效命。一个人能忠心为主人办事，也一定能忠心地为君王效力。陛下如果想称霸天下，没有管仲就不能成功。您一定要任用他。"齐桓公终于被鲍叔牙说服了，把管仲接回齐国。

管仲回到齐国，当了丞相，而鲍叔牙却甘心做管仲的助手。鲍叔牙死后，管仲在他的墓前大哭不止，想起鲍叔牙对他的理解和支持，他感叹说："当初，我辅佐的王子纠失败了，别的大臣都以死誓忠，我却甘愿被囚困，鲍叔牙没有耻笑我没有气节，他知道我是为了图谋大业而不在乎一时之间的名声。生养我的是父母，但是真正了解我的是鲍叔牙啊！"

鲍叔牙的行事，是真正做到了"我有功于人不念，人有怨于我不念"。正因为这一点，他才得到管仲真心真意的敬重。他们二人的故事也在史册中留下了可圈可点之处。

人都是在社会中生活和成长的，与人交往，就一定要心胸宽阔，心怀感恩，这样才能以诚换诚，赢得更多的朋友。所以，我们应该从日常生活的细微之处出发，多关心亲人、爱人、朋友，多珍惜那些默默支持、关心、帮助我们的人，让感恩不只是落于口头上的浮夸，而应落实在脚踏实地的行动上，这样众人彼此关怀，我们身处的世界会更温暖和美好。

接受自己不喜欢的人，拓展交注的空间

生活中我们不可能总遇到自己喜欢的人，心理学家发现，人一遇到和自己不一样，并有缺点、毛病的人，似乎即刻会产生厌恶的感觉。实际上，这是任性的一种表现。

南怀瑾认为，如果你很任性，那么你的家人、朋友和同事中就有很多你看不顺眼的人。总是"以恶为仇，以厌为敌"是不行的，久而久之，你会无路可走，自身也会成为众矢之的。不任性，"不以爱恶喜厌定交往"才是得体的处世原则。

所以当你觉得想发脾气，那么先暂停一分钟，冷静地想一想，为什么他人和你的立场不一样，自己能不能替对方考虑问题，这样慢慢地就能逐渐接受自己不喜欢的人并从而改变看人的狭窄眼光。

的确，世界上的任何人都有自己的立场和想法，但如果彼此不迁就，那就很难达成共识。所以，人与人若能够站在对方的立场上来考虑事情，相互理解就会变得容易，而在有问题时，各自再让一步，问题就会迎刃而解了。而抱持自私自利，只考虑个人利益的人是交不到知心朋友的。只有学会了为别人多考虑一点，你才能够获得"好人缘"，你的朋友才会越来越多。

在北宋朋党纷争的政局中，王安石一意推行新法，忽略了人和政通的道理，结果在推行新法中频遇阻力，特别是遭受旧派官员全力攻击，使新法推行障碍重重。

一般来说，旧派重臣名流，能否真诚接纳改革，支持合作，本是一大问题，偏偏王安石个性也很执拗，自认"天变不足畏惧，祖宗不足取法，议论不足体恤"，不肯"委曲求全"，不设法沟通以获谅解，甚至不容忍接纳相反的意见，大大丧失"人和"，增添了改革的压力。而来自谏官的弹劾攻击，更使新法的推行成为党派争执的口实，双方到了有你无我地步，结果，一旦旧派抬头，新法也就全面废弃了。

后世在全面探讨王安石推行新法遇阻时曾有这样一种结论：过重对事，忽略对人，使改革出现许多严重的弊端。

推行新法，先要沟通朝野观念，上求当政要员配合支持，下求社会大众了解接受，只靠一个皇帝全力赞成毕竟不够。还有，大举推行新法，要有足够的人手配合，并且要使这些推行人员对所执行的新法有充分的认识，才能贯彻落实，不能一纸通令下去，就以为能办得通、办得好。

王安石的才智、勇气与理想，在中国历史上是可以大书特书的。但他在政治上以及待人处世上的缺点，也是很值得我们借鉴和反思的。

在为人处世中，如果纯粹以个人的爱恶喜厌来选择交往的对象，那就只能生活在一个越来越狭窄的小天地里。因为你不接受与你不同观点的人，并坚决地反对他们，长此以往你将会发现，你成为了被孤立之人。"金无足赤，人无完人。"一个你不喜欢的人或许在某些方面对你有所帮助，但由于你的敌意，结果使你失去了很多正常交往的益处。所以，在生活中，人要培养自己有容人的雅量，不能因为某人和你的想法不同，便看不起他人，或一棍子打死，或从此另眼看待对方，这都是没有度量和心胸的表现。

在与人交往中，如果你不同意别人所说的一切，也请你别出言不逊，居高临下地反驳他们。林肯早年因出言尖刻、无法接受不同意见而几至与人决斗。随着年岁渐增，他亦日趋成熟，后来，即使在总统的职位上，除了必须坚持的原则，他在其他问题上都尽量避免和人发生冲突。

一位先生有如下体会，他说自己年轻气盛时常常强调自己的观点，很难接受与自己不同意见的人，甚至经常与人争执，所以别人也很难接受他，他也不愿接受对方，觉得自己不屑于和对方为伍。这样，他周围的朋友越来越少，而树敌却越来越多。突然有一天，他觉得自己喜不喜欢一个人并不重要，重要的是让彼此的关系和谐，这样大家才能心情都舒畅。后来他尝试努力地接近他不喜欢的那些人，并从内心慢慢地接受了他们，逐渐地与他们交流并融入进了他们的"圈子"。等大家的关系好转之后，通过交流他才知道，原来他们从前对他也同样有厌恶的感觉，而且他们觉得讨厌他的理由完全和他的理由相同，这使他再度感到惊奇。

人与人交往实际上就是互换思维过程，你可以不喜欢那些和你志不同道不和的人，但如果你想在交往中大家相安无事，就不能不接受他们，毕竟谁都有保持自我的权利。我们没有资格和权利要求别人和我们做一样的事，持相同的观点，谈论我们喜欢的话题。为人不能太自私，我们不能因为自己的自以为是就轻易否定他人。

所以，我们要知道，接受别人，他人才能友善地对我们。与其丑化对方，倒不如先谦虚地自省，改正自己的不端正态度，这才是与人相处最重要的。而且要想与人融洽相处，还得多多理解别人，即使遇到自己不喜欢的人时，只要不是大是大非的问题，就要避免和人发生冲突。这才是为人处事之道，才能让我们的生活温馨、宁静。

自己豁达，换来的是人际关系的和谐

一个人，最难能可贵的是乐观和豁达的性格。南怀瑾认为，我们生活在一个共同的环境里，但倘若太吝惜自己的私利而不肯为别人让一步路，这样的人最终会无路可走；倘若一味地逞强好胜而不肯接受别人的一丝见解，这样的人最终会陷入世俗的河流中而无以向前；倘若一再地求全责备而不肯宽容别人的一点瑕疵，这样的人最终宛如凌空在太高的山顶，会因缺氧而窒息。智慧的人懂得如何以自己的豁达宽容别人的挑剔，从而达成既定的目的，进而为自己争取到利益的最大化。

举例说明一下这个道理：

在一个市场上，一果贩遇到了一位难缠的客人。

"这水果有疤，一斤也要卖5元吗？"客人拿着一个果子左看右看。

"我这水果是很不错的，不然你去别家比较比较。"

客人说："一斤4元，不然我不买。"

果贩微笑地说："先生，我一斤卖你4元，对刚刚向我买的人怎么交代呢？"

"可是，你的水果有疤。"

"有疤不影响质量，如果是很完美的，可能一斤就要卖10元了。"果贩微笑着说。

客人依旧不依不饶，但小贩一直面带微笑，而且笑得非常亲切。

客人虽然嘴里挑剔不止，最后还是以5元买了一斤。

后来有人问果贩何以能始终面带笑容，果贩说："只有想买货的人才会指出货如何不好。"

这个果贩称得上是一个聪明的人，他完全不在乎顾客批评他的水果，并且一点也不生气，他不只是修养好而已，也是为人豁达的缘故。反思我们有时恐怕真的比不上这位果贩，像有人说我们两句，我们可能已经气在心里口难开了，更不用说微笑以对了。

豁达是中国古人极力推崇的处世哲学，也是一种博大的胸怀、超然洒脱的态度，是人类个性最高的境界之一。一般说来，豁达开朗之人比较宽容，能够对别人不同的看法、思想、言论、行为以及他们的信仰、观念等都加以理解和尊重，不轻易把自己认为"正确"或者"错误"的东西强加于别人；他们也有不同意别人的观点或做法的时候，但他们会尊重别人的选择，给予别人自由思考和生存的权利。

南怀瑾认为，如果大家希望享有自由的话，每个人均应采取两种态度：在道德方面，大家都应有谦虚的美德，每个人都必须持有自己的看法，不一定是对的态度；在心理方面，每人都应有开阔的胸襟与兼容并蓄的雅量来宽容与自己意见不同甚至意见相反的人。换句话说，采取了这两种态度以后，你会容忍我的意见，我也会容忍你的意见，这样大家便都享有自由了。

豁达不但是做人的美德，也是一种明智的处世原则，是人与人交往时的"润滑剂"。常有一些所谓的"厄运"发生，其实造成的原因只是对他人一时的狭隘和刻薄，这是在自己前进路上自设绊脚石；而一些所谓的"幸运"发生，也是因为无意中对他人一时的恩惠和帮助，而拓宽了自己前行的道路。

一个懂得宽容的人，会进步很快，而一个不懂得豁达待人的人会把自己生命的弦绷得太紧而伤痕累累，抑或断裂。

曾有人把人比喻为"会思想的芦苇"，这是因为芦苇弱小易变，而人也常因情绪的波动，随时在改变对事物的理解。人非圣贤，就是圣贤也有一失之时，所以，我们要学会宽容自己和别人的失误。

宽容就是很多事情不需要计较得过于清楚，很多事情不需要"得理不饶人，没理也要赖三分"，而是"得理饶人"、"有理也要让三分"。只有这样，才能在遇到困难的时候得到别人的帮助，才有可能在遭遇险境的时候化险为夷。

汉朝时，有一位叫刘宽的人，为人宽厚仁慈。他在南阳做太守的时候，如果他的手下或是老百姓做错了什么事，为了以示惩戒，他只是让差役用蒲草代鞭责打，使之不再重犯。他的这种举动深得民心。刘宽的夫人为了试探他是否像人们所说的那样仁厚，便让婢女在他和属下集体办公的时候捧出肉汤，故作不小心把肉汤洒在他的官服上。如果是一般的人，必定会把婢女毒打一顿；就算不打，至少也会怒斥一番。然而，刘宽不仅没有发脾气，反而问婢女："肉羹有没有烫着你的手？"由此可以看出刘宽为人豁达、肚量确实超乎一般人。因为刘宽事事都处事豁达，由此他感化了很多人，同时也赢得了人心。

人在社会中，肯定会和别人发生一些冲突。虽然有些时候自己可能会有理，但是谁又能够保证自己事事都占理呢？因此，当我们与人发生冲突或有摩擦的时候，不妨豁达些，这样既尊重了别人，也化解了彼此之间的矛盾，还能够让他人加深理解，这对于建立融洽和谐的人际关系能够起到促进作用，何乐而不为？

第四章

常吃两种药：吃亏，吃苦

让人为上，吃亏是福

郑板桥有一句名言："吃亏是福。"南怀瑾也极力推崇这种人生智慧，他认为这绝不是精神自慰，而是对一生处世心得的高度概括和总结。

在日常生活中，当自己的利益和别人的利益发生冲突、当友谊和利益不可兼得时，我们首先要考虑舍利取义，宁愿自己吃一些亏。这样，才能避免很多无谓的生气和烦恼。

月船禅师是一位善于绘画的高手，可是他每次作画前，必坚持购买者先行付款，否则决不动笔，这种作风，常常遭到世人的批评。

有一天，一位女士请月船禅师帮她作一幅画，月船禅师问："你能付多少酬劳？"

"你要多少就付多少！"那女子回答道，"但我要你到我家去当众作画。"

月船禅师答应了。

原来那女子家中正在宴请宾客。月船禅师以上好的毛笔为她作画，画成之后，拿了酬劳就要离开。这时，那位女士对宴会桌上的客人说道："这位画家只知要钱，他的画虽画得很好，但心地肮脏；金钱污染了它的善和美。这幅作品是由这种污秽心灵的画家所画，故不宜挂在客厅的，它只能装饰我的一条裙子。"

说着便将自己穿的一条裙子脱下，要月船禅师在它后面作画。月船禅师问道："你出多少钱？"

女士答道："哦，随便你要多少。"

月船禅师说："纹银200两。"这显然是一个特别昂贵的价格，但是那位女士爽快地答应了。

月船禅师按要求又画了一幅画，就走开了。

众人惊愕，不明白月船禅师为什么只要有钱就好？难道受到任何侮辱都无所谓的月船禅师心里有别的想法？

原来，在月船禅师居住的地方常发生灾荒，富人不肯出钱救助穷人，因此他建了一座仓库，贮存稻谷以供赈济之需。又因他的师父生前曾发愿要建一座寺庙，但不幸其志未成就坐化了，月船禅师要完成师父的遗愿。而当月船禅师完成这两项愿望后，立即抛弃画笔，退隐山林，从此不复再画。

生活中，我们应该把道义和职责放在首位。只要我们坚持自己的行为是正义的，合乎礼法的，就不必去计较别人的毁誉，因为只要能够做到问心无愧即可以了。

在民间还流传着这样一个故事：

清朝时有两家邻居因一道墙的归属问题发生争执，欲打官司。其中一家想求助于在京为大官的亲属张廷玉帮忙。张廷玉没有出面干涉这件事，只是给家里写了一封信，力劝家人放弃争执。信中有这样几句话："千里求书为道墙，让他三尺又何妨？万里长城今犹在，谁见当年秦始皇。"家人听从了他的话，后退三尺，邻居听说后，也觉得不好意思，亦后退三尺，两家握手言欢，由你死我活的争执，变成了真心实意的谦让。

由此可见，聪明的人懂得与人相处，有一分退让，就受一分益；吃一分亏，就积一分福。相反，存一分骄奢，就多一分挫辱，占一分便宜，就招一次灾祸。

中国人礼让、吃亏是福的思想源远流长，始祖舜敬父爱弟，可他的父亲内心却总想害死他。

有一次父亲让他去挖井，舜正在井内时，他父亲却突然把井口封死。但舜并不在意，依旧孝父敬弟。舜有如此广阔的胸怀，是他成就一代帝王的重要基础。

中国人一向把谦逊辞让作为德的首位。比如，在有成就时；能让功于他人，在有过失时，能认真听取他人意见加以改正。老子曾说事业成功了

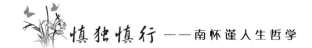
也不能居功。人不仅让功要这样，对待善也要让善，对待得也要让得。

恭敬可以平息人的怒气，真正聪明的人会主动避免和别人发生争端，因为他们懂得：让人为上，吃亏是福。这是为人处事千古不变的真理，也是我们值得牢记的智慧。

以德报怨，让人一步天地宽

南怀瑾认为，生活中很多人都会碰到不尽如人意的事情。这时，你必须面对现实。人敢于碰硬，确实不失为一种壮举。可是有时，硬要拿着"鸡蛋"去与"石头"斗狠，只能是无谓的牺牲。这样的时候，就需要用另一种方法来面对生活。比如，"拿出一块心地，搁置不平之事"，或"以德报怨"、"让人一步"，可能反而能迎来一片宽广的天地。

自古以来，有一个关于以得报怨的故事广为流传：

春秋时期，魏国与楚国的交界经常因为民众不和而纠纷不断，这让当时本来就不睦的两国更加的剑拔弩张。有一个县位于魏国与楚国的交界处，这地方盛产西瓜。可是同处一地，两国村民种西瓜的方式和态度却大不一样。魏国这边的村民种瓜十分勤快，他们经常担水浇瓜，所以西瓜长得快，而且又甜又香。楚国这边的村民种瓜十分懒惰，又很少给西瓜浇水，所以他们的瓜长得又慢又不好。楚国这边的县令看到魏国的西瓜长得那么好，便责怪自己的村民没有把瓜种好。而楚国的那些村民没有从自己身上找原因，只是一味怨恨魏国的村民，嫉妒他们为什么要把瓜种得那么大那么香甜。于是，楚国这边的村民就想方设法去破坏魏国村民的劳动成果。每天晚上，楚国村民轮流着摸到魏国的瓜田，踩他们的瓜，扯他们的瓜藤，这样，魏国村民种的瓜每天都有一些枯死掉了。

魏国村民发现楚人故意破坏这个情况后，十分气愤，他们也打算夜间派人偷偷过去破坏楚国的瓜田。一位年纪大的村民劝阻住了大家，说："我们还是把这件事报告给县令，向他请示该怎么办吧？"

大家来到县衙。县令听完，耐心地劝导这些村民说："你们为什么要这么心胸狭窄呢？如果你来我往没完没了地这般闹下去，只会结怨越来越深，最后把事态闹大，引起祸患。我看最好的办法是，你们不去计较他们的无理行为，每天都派人去替他们的西瓜浇水，最好是在夜间悄悄进行，不声不响地，不要让他们知道。如果这样他们没有反应，我们再讨伐他们也不迟。"

魏国村民虽然不情愿，但没有办法，于是依照县令的话去做了。从这以后，西边楚的瓜一天天长好起来。楚国村民发现后，惊讶于自己的瓜田像是每天都有人打理过，感到很是奇怪，互相一问，谁也不知道是怎么回事。于是他们开始暗中观察，终于发现为他们打理西瓜的正是魏国的村民，楚国的村民大受感动。

很快，这件事被楚国县令知道了，他既感激、高兴，又自愧不如魏国县令。他把这些情况写下来报告给了楚王，楚王也同样很受感动，同时也深感惭愧和不安。

后来，楚王备了重金派人送给魏王，希望与魏国和好，魏王欣然同意了。从此后，楚、魏两国开始友好起来。边境的两国村民也亲如一家。两边种的西瓜都同样又大又甜。

俗话说，人非草木，孰能无情？可见，当受到别人伤害的时候，如果采取"以牙还牙"、针锋相对的态度，只能激化矛盾；如果宽宏大量，以德报怨，反而能够感化对方，使矛盾缓解，使"坏事"变成"好事"。

当今社会，很多人崇尚个性和自我，但不能忘记我们优秀的文化传统和民族精神所孕育出的这种灿若星光的传统美德。人不管在何种处境下，始终都要把无私的奉献和大度的宽容之心放在至高无上的地位，把有益于社会、有益于他人作为自己的信念和行为准则，并成为自己做事的方针。

世事多"不平"，有时我们难免会遇到莫名其妙的伤害或者被居心叵测者打击报复，但即使这样我们也不要积怨在心，尤其是受到一时的委屈或者不公的待遇时，千万不能耿耿于怀，更不能怀恨在心，伺机报复，因为这样，只能使我们自己在人世纷争的旋涡中越陷越深，难以自拔，不但自己不开心，也会在日后的相处中承受着精神上的煎熬、精神上的痛苦，而时间长了，会带来身体上的问题。

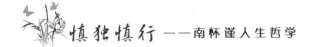

人不能释怀，不仅是愚蠢的举动，也是一个人没有修养和智慧的表现。所以，我们一定本着和睦的原则，在为人处事中以宽容的心胸尽可能的与人为善，从道德高尚的方面严格要求自己。

人同此心，心同此理，长此以往，我们的周围会有更多的欢声和笑语，人与人之间会增添更多的温情，而这需要我们从自己做起。

先施予，后收获，主动奉献

现在的社会处处充斥着各种诱惑，很多人都在追求对自己有利的东西，像权位、财富等。追逐过程中，烦恼于与别人的计较，抱怨于别人占自己的"便宜"，以至于心胸越发狭隘，气量越来越小，与他人的关系日益紧张。这样的人身边有朋友最终也会离他而去，甚至还会与家人反目成仇。

南怀瑾认为，为人处世目光不能太短浅，如果你希望别人帮助你，你就首先对人要有所付出，以自己的所能来满足他人的愿望，这样他人得到满足后，才会对你有所接触并使关系有所发展，这种关系是互利互惠的良性循环关系，这样双方也都能得到对方的帮助。如果谁都不肯主动迈出奉献这关键性的第一步，那么人际关系就是一个死循环。

举例来说，有一位赵先生，他以前既没有太高学历，也没有很多金钱，更没有人事背景，但是现在他却成为了一个成功的企业家。他到底是如何成功的呢？原来他是一个愿意帮助他人并不讲代价的人，他对周围人的帮助，甚至超过了他人的需求。

有朋友问他何以如此，他说："要与别人往来，就不能不令对方感到愉快与益处。"

还有一个例子，出身名门的"富家子弟"李先生，极想做出某些事情来。然而，他与别人来往的时候，首先会考虑这个人对自己有什么利用的价值：比如，向银行贷款时，服务于自己的经理能否帮到自己；比如，要交往的人会教自己致富之道吗；……李先生总是如此这般地对与其交往的人怀着期待之心，他认为凡是要与自己接触的人，都应该为自己带来某些利益。

上述这两个人在很大程度上代表了两种不同的人的处世方式，但我们与周围朋友相处时要学赵先生，赵先生交友之道可说得上是交友正道。

生活中，如果我们留心可能会惊讶地发现：你既可找到慷慨施予、受人欢迎的人；也一定能发现刻薄、自私、吝啬、不受欢迎的人。

中国古代有很多乐于助人、慷慨无私的故事。

一个苦行僧为了找到他心中的佛四处云游，吃尽了苦，可是他依然未能找到他心中的佛。一日，在一个漆黑的夜晚，这个远行寻佛的苦行僧走到一个荒僻的村落中。

漆黑的街道上，村民们默默地你来我往。苦行僧转过一条巷子时，他看见有一团晕黄的灯正从巷子的深处静静地亮过来。他听到有个村民说：

"瞎子过来了"。僧人听了十分的吃惊，就问一个村民："挑着灯笼的真是一位盲人吗？"

"他真的是一位盲人。"那人肯定地告诉他。

苦行僧百思不得其解。一个双目失明的盲人，他没有白天和黑夜的概念，提着灯他自己又看不见道路，他甚至不知道灯光是什么样子的，他挑一盏灯岂不令人觉得迷惘和可笑？

那灯笼渐渐近了，晕黄的灯光渐渐从深巷游移到了僧人的眼前。百思不得其解的僧人忍不住上前问道："很抱歉地问一声，施主真的是一位盲者吗？"

那挑灯笼的盲人回答他："是的，从踏进这个世界，我眼前就一直是一片漆黑。"

僧人问："既然你什么也看不见，那你为何挑一盏灯笼呢？"

盲人说："现在是黑夜吧？我听说在黑夜里没有灯光的映照，那么满世界的人都和我一样什么也看不见，所以我就点燃了一盏灯笼。"

僧人若有所悟地说："原来你是为别人照明啊？"

那盲人说："不，我是为自己！"

"为你自己？"僧人又愣了。

盲者缓缓地问僧人："你是否因为夜色漆黑而被其他行人碰撞过？"

僧人说："是啊，刚才，还被两个人不留心碰撞过。"

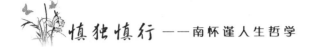

盲人听了，很自然地说："但我就没有。虽说我是盲人，我什么也看不见，但我挑了这盏灯笼，既为别人照亮了路，也更让别人看见了我，这样，他们就不会因为看不见我而碰撞我了。"

盲人宽广的心怀正如茫茫人海中的一盏明灯，既照亮了路，给路人提供了方便，更为自己提供了便利。

其实一个人在给予别人爱的同时，会得到他人温暖的情意，所以，帮助他人，对自己并不会有任何的损失，反而能够产生更大的喜悦和满足，这不也是一种精神上的获得吗？

还有一个故事：

有一个小和尚听师父讲经后一个问题没弄懂，师父告知答案后，他又忘了，想问怕麻烦师父，所以迟迟不敢再问，后来他鼓起勇气对师父说："师父，您知道吗？您给我的答案我又忘记了。我很想再次请教您，但想想我已经麻烦您许多次了，不敢再来打扰你！"

师父对他说："先去点燃一盏油灯。"

小和尚照做了。

师父接着又说："再多取几盏油灯来，用第一盏灯去点燃它们。"

小和尚也照着做了。

师父说："你看，其他的灯都由第一盏灯点燃，第一盏灯的光芒有损失吗？"

"没有啊！"小和尚回答。

"所以，我也不会有丝毫损失的，欢迎你随时来找我问问题。"师父说。

是的，一盏灯点燃另一盏灯，无损自身的光芒，还让其他灯也亮了起来，从这个故事中我们得到了什么启示呢？

我们经常抱怨别人对我们不好，社会上有些人居心叵测，但你有没有想过，有多少黑暗是自己造成的？所以，我们一定不要过于计较自己的私利，要懂得与他人分享，敢于吃亏，勇于舍得，愿意给予别人"光亮"，你会发现，这个世界处处都有"亮光"。

主动担当责任，埋头苦干

古人说："天欲将降大任于斯人也，必先苦其心志，劳其筋骨，饿其体肤，空乏其身，行拂乱其所为。所以动心忍性，增益其所不能。"这段话说明吃苦是享福的前提条件。

南怀谨认为，一个人如果不能吃苦耐劳，轻视卑贱的工作，就永远也担当不了大任。

从前，在一座寺中有一个小和尚，他从小就出家了，是寺里的和尚们把他抚养长大的。他很勤劳，每天天还蒙蒙亮，他就要去担水、打扫，做过早课后要去寺后的市镇上购买寺中一日所需的日常用品。回来后，还要干一些杂活儿，然后诵经到深夜。就这样，他过了 10 年。

有一天，小和尚有了点儿空，就和其他小和尚在一起聊天儿。这时他才发现别的小和尚都过得很清闲，只有他一个人整天在忙忙碌碌。他发现，虽然别的小和尚偶然也会被分派下山购物，但他们去的是山前的市镇，路途平坦而且也比较近，买的东西也都是比较轻便好拿的。而10年来方丈一直让他去寺后的市镇，要翻越两座山，道路崎岖难走，回来时肩上还要背着重重的米或者油等很重的东西。小和尚很奇怪，他就跑去问方丈："为什么别人都比我自在呢？没有人强迫他们干活儿读经，而我却要每天都干个不停呢？"方丈没有回答，只是微笑。

第二天中午，当小和尚扛着一袋小米从后山走回来时，发现方丈正在等着他。方丈把他带到前门，自己就在那里坐下读经，让小和尚在旁边等着。太阳快要下山了，前面山路上出现了几个小和尚的身影，当他们看到方丈时，一下愣住了。方丈问那几个小和尚："我一大早让你们去买盐，路那么近，又那么平坦，怎么回来得这么晚呢？"

几个小和尚面面相觑，说："方丈，我们说说笑笑，看看风景，就到了这个时候。10年了，每天都是这样的啊！"

方丈又问站在自己身旁的小和尚："寺后的市镇那么远，翻山越岭，山路崎岖，你又扛了那么重的东西，为什么回来的还要早些呢？"小和尚说："我每天在路上都想着早去早回，因为肩上的东西重，我才更小心地走，所以反而走得又稳又快。10年了，我已经养成了习惯，心里只有目标，没有道路了。"

方丈听了他这一番话，就笑了，说："人只有在坎坷的路上行走，才能磨炼一个人的心志啊！"

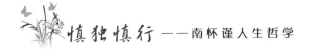

几个月后，寺里严格考核所有的和尚，从体力到毅力，从经书到悟性，面面俱到。小和尚因为有了10年的磨炼，所以一下子脱颖而出，被选拔出来去完成一项特殊的使命。在和尚们羡慕和钦佩的目光中，小和尚坚毅地走出了寺门。

这个当年的小和尚就是后来著名的玄奘法师。在去西方取经的路上，虽然艰险重重，他的心却一直闪着执着的光。最终，历尽千辛万苦，他完成了自己神圣的使命，成为历史上有名的大法师。

生活中，有许多人因为不能忍受前行的孤独和枯燥，中途改道了，或半路折回了，还有一些人会放慢脚步去欣赏沿途的风景。但能够执着、坚定地走那些崎岖小道的人，则是不畏艰辛，不怕困难，最终能成就自己事业的人。他们明白"千里之行，始于足下"。他们也清楚，苦尽甘来。

有一天，一个老者对其儿子讲了这样一个故事。

他说："世界上有4种马：第一种是良马，主人为它配上马鞍，套上辔头，它能日行千里，快速如流星。尤其可贵的是，当主人扬起鞭子的时候，它一见到鞭影，便知道主人的心意，迅速缓急，前进后退，都能够揣度得恰到好处，不差毫厘。堪是能够明察秋毫的第一等良马。

"第二种是好马，当主人的鞭子抽过来的时候，它看到鞭影，不能马上警觉。但是等鞭子扫到了马尾的毛端时，它也能知道主人的意思，奔驰飞跃，也算得上是反应灵敏、矫健善走的好马。

"第三种是庸马，不管主人多少次扬起鞭子，它见到鞭影，不但毫无反应，甚至皮鞭如雨点地抽打在皮毛上，它都无动于衷，反应迟钝。等到主人动了怒气，鞭棍交加打在它的肉躯上时，它才能开始察觉，顺着主人的命令奔跑，这是后知后觉的庸马。

"第四种是驽马，主人扬鞭之时，它视若未睹；鞭杖抽打在皮肉上，它仍毫无知觉；直至主人盛怒至极，双腿夹紧马鞍两侧的铁锥，霎时痛刺骨髓，皮肉溃烂，它才如梦方醒，放足狂奔。这是愚劣无知、冥顽不化的驽马。"

老者说到这里，突然停顿下来，眼光柔和地看着儿子，说："这 4 种马好比 4 种不同的人。

"第一种人奋起精进，不用他人督促，自己给自己责任、义务、担当，努力创造崭新的生命。好比第一等良马。

"第二种人能在他人提醒、鞭策下，不懈怠。好比第二等好马。

"第三种人需他人多次提醒，甚至苦口婆心，耐心讲述，才知善待生命，但又经常反复，故取得成就不大。好比第三等庸马。

"第四种人当自己病魔侵身，如风前残烛的时候，才悔恨当初没有及时努力，在世上空走了一回。好比第四等驽马，然而，一切都为时过晚了。"

人不能选择出生，但获得成就却是在成长中努力工作的结果，人努力，就会任劳任怨，遇到困难不采取逃避和停止态度。长久养成习惯，不惜付

出自己的努力和心血去踏踏实实地做好每件事情的时候，他会发现，机会就在自己的眼前。

所以，为了增强自己的责任心以及责任意识，人应该从身边的一点一滴小事做起，不畏艰难，把责任当作自己的一种生活态度，日积月累，慢慢养成好的习惯，并长此以往，秉承这种埋头苦干、锲而不舍的精神，化困难为成功的转机，这样成功自会主动向我们招手。

成功不属于聪明者，而属于不懈努力的人

很多人不愿吃苦、不能吃苦、不敢吃苦，对此，南怀瑾有一段精辟之语：不愿吃苦、不能吃苦、不敢吃苦的人往往吃苦一辈子。因为人世间所有甜蜜的果实，皆要通过风吹雨打的考验和苦难的磨炼，才能品尝得到。吃够了苦，就会苦尽甘来。

鉴真大师刚刚入寺庙时，寺里的住持让他做个谁都不愿做的行脚僧。每天，他都很勤奋地做着住持交给他的工作。两年了，他天天如此，从来没有一次让住持对他的工作觉得不满。可是他一直想不明白：为什么别人都在做着很轻松的活，而他却一直做着寺里最苦最累的工作，而且一做就是两年的时间？

他认为自己委屈，觉得住持分配一点都不公平。

有一天，日上三竿了，鉴真依旧大睡不起。住持很奇怪，推开鉴真的房门，只见床边堆了一大堆破破烂烂的瓦鞋。住持很奇怪，于是叫醒鉴真

问："你今天不外出化缘，堆这么一堆破瓦鞋干什么？"

鉴真打了个哈欠说："别人一年都穿不破一双瓦鞋；我刚剃度两年，就穿烂了这么多的鞋子。"

住持一听就明白了，微微一笑说："昨天夜里刚落了一场雨，你随我到寺前的路上走走吧。"

寺前是一座黄土坡，由于刚下过雨，路面泥泞不堪。

住持拍着鉴真的肩膀说："你是愿意做一天和尚撞一天钟，还是想做一个能光大佛法的名僧？"

鉴真回答说："当然想做光大佛法的名僧。"

住持捋须一笑，接着问："你昨天是否在这条路上走过？"

鉴真说："当然。"

住持问："你能找到自己的脚印吗？"

鉴真十分不解地说："今天哪能找到昨天的脚印？"

住持又笑笑说："一会儿再在这路上走一趟，你能找到你的脚印吗？"

鉴真说："不能。"

住持笑着没有再说话，只是看着鉴真。鉴真愣了一下，然后马上明白了住持的教诲，开悟了。是的，人永远走到路上，成功就是锲而不舍的努力。

鉴真的故事告诉我们，成功只光顾那些为理想付出了心血的实干家。

"宝剑锋从磨砺出，梅花香自苦寒来。"人不经历风雨，就见不到彩虹。成功的人大多被失败打击过，所不同的是他们的心灵却一刻也没有被击倒，能够积极地向着成功之路迈进，所以，他们最终成功了。

中国有很多劝人自强不息的寓言，下面这个故事大家应该耳熟能详：

一个人天天在地里劳作，有一天他突然想：与其每天辛苦地工作，不如向神灵祈祷，请他赐给我财富，供我今生享受。

他深为自己的想法而得意，于是把弟弟喊来，把家业委托给他，又吩咐他到田里耕作谋生，别让家人饿肚子。——交代之后，他觉得自己没有后顾之忧了，就独自来到天神庙，为天神摆设大斋会，供养香花，不分昼夜地膜拜，毕恭毕敬地祈祷："神啊！请您赐给我现世的安稳和利益吧，让我财源滚滚！"

天神听见这个人的愿望，内心暗自思忖：自己不工作，却想谋求巨大财富。我得点醒点醒他。天神化作他的弟弟，跪在他旁边，跟他一样祈祷求福。

哥哥见了，吃惊地问他："你来这儿干吗？我吩咐你去播种，你播了吗？"

弟弟说："我跟你一样，来向天神求财求宝，天神一定会让我衣食无忧的。纵使我不努力播种，我想天神也会让麦子在田里自然生长，满足我的愿望。"

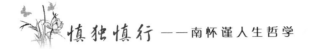

哥哥一听弟弟的祈愿，立即骂道："你这个混账东西，不在田里播种，想等着收获，实在是异想天开！"

弟弟听见哥哥骂他，故意问："你说什么？再说一遍听听。"

"我就再说给你听：不播种，哪能得到果实呢？你不妨仔细想想看，你这样做太傻了！"

这时天神现出原形，对哥哥说："诚如你自己所说，不播种就没有果实。你求我，有什么用呢？"

南怀瑾认为：我们生活在世上，要想活得精彩，就不能只顾着自己的享乐，就不能有懒惰的心理。仅仅依靠梦想和祈祷是干不成任何事的，最重要的是要采取积极有效的行动，付出努力和汗水。人只有行动，才会到达理想的目的地；只有拼搏，才会取得辉煌的成功；只有播种，才能有收获；只有奋斗，才能品味幸福的人生。

那么，该怎样克服懒惰的习惯，为追求成功付出必要的努力呢？如下建议可供参考：

（1）勤奋工作，积极行动

懒惰的人，往往是什么事都干不成的人；他们常常不强调自己的努力不足，而是抱怨自己从来没有成功的机会。须知，机会来自积极的努力，它从不自动上门。如果你每天无所事事，懒惰不思进取，那么你就永远不会有机会。

（2）抓住现在，而不是寄希望于将来

有的人，在做一件事到了厌烦的时候，就想着"明天再做"；而到了明天，他又想着"明天再做"。

其实，拖延是懒惰的典型表现。懒惰能让人有片刻的享受，能让人摆脱劳动的痛苦，但是懒惰换来的享乐却是暂时的，是昙花一现的东西；只有经过顽强的拼搏得来的收获，才能给人恒久的欢乐。所以，为了获得成功，就要立即行动起来，不要拖延。

（3）成功不是一蹴而就的，是积累努力，循序渐进的

有人不屑于小小的行动，总认为做大事的人不应该做琐碎之事，还有人眼高手低，只有梦想没有实际行动。别小看一个小小的行动，一次小小的进展，它关系着以后的成功。记住：春天播种，夏季耕耘，秋天才有收获。

从现在起，不要放弃任何努力，积极地行动，人只有在不断的拼搏和进取中才能争取接近成功，虽然我们中有很多自认是聪明人，但最终不努力，靠聪明，是不会拥有幸福人生的。

我们可以努力把困难和逆境变成成功的垫脚石

大凡常人，总是要经历生活的种种磨难才能有所收获，有所成长。但是很多人不愿正视困难和艰辛，总是抱怨命运的不公平或者对困难采取一次次地逃避行为，南怀瑾认为：很多困难实际上是上天对我们一次又一次的考验，我们要敢于承受，不要抱怨逃避，如果不能把困难和逆境当作成长的垫脚石，不肯接受生活的磨砺，就不会有成长的机会和成功的可能。

有一座即将落成的佛寺想要雕刻一尊本师释迦牟尼佛像，于是，僧众找来了两块非常有灵性的大石头。这两块石头的质地都差不多，但其中有一块略为好一点儿，所以雕刻师就拿这块较好的石头先刻。

在雕刻过程中，这块石头常常抱怨道："痛死我了，你快住手吧！我不想让你刻了。"雕刻师好言相劝："你再忍一下，再过两个星期就好了，你能忍得下来，就将成为万人膜拜的释迦牟尼佛像。"这块石头听了后说："好吧，我再忍两天。"结果在这两天中，每刻一下，它就拼命地喊叫，喊得雕刻师的心都快碎了，最后只好说："好吧，那你就先歇一会儿。"就把它放在了一旁，然后对另外一块石头说："我现在要雕刻你了，你可不能喊痛。"这块石头说："我绝对一声都不吭，你大可放手来雕刻，来磨炼我。"雕刻师因为受第一块石头的影响，边雕刻还会边问它痛不痛，但是这第二块石头由始至终都没有过任何怨言。

两个星期过去了，不喊疼的石头被雕成了法相庄严的释迦牟尼佛像。因为雕得很庄严，所以周边很多的信徒前来膜拜。因为来膜拜的人太多了，踩得地上尘土飞扬，佛寺主持想找一个办法来解决这个问题。一天，他看到因喊疼被雕刻师丢弃的第一块大石头，便让大家把它打碎，石头一直喊疼，但没人听他叫，不一会儿，碎石被铺在了地上。就这样，第二块石头成为了被人膜拜的佛像，而第一块石头则成为了被人践踏的石头路。

人生如船，在猝不及防的情况下可能会遭遇到狂风暴雨、惊涛骇浪、冰山暗礁……但只要你的心灵之舟不沉没，你就不能丢掉希望和意志力，你就要在失败的道路上踏出一条成功的足迹。人要敢于在风雨中历练自己，敢于挑战困难和挫折，才能不断提高自己的能力，最终得到更多的收获。

如果我们把上面寓言中的石头当作社会中的个人，我们得到的启示就是：逆境可以使人奋进，可以磨炼人的意志，可以让人有获得前进的动力；还能使人思考生活，思考人生，升华思想。人世间所有甜蜜的果实，皆要通过风吹雨打的考验和苦难的磨炼，才能品尝得到。那些成功的人似乎没有一个不是吃苦才有所成就的，也许有些苦是上天故意给成人的"财富"。当一个懂得吃苦的人，当一个能吃苦的人，吃了苦"受了罪"，就可能战胜种种困难，以坚强的毅力走向成功之巅。

新华联集团的老总傅军，就是吃过很多苦的人，他认为吃苦精神是他成功的核心素质之一，他总是说："要是没有吃苦精神，没有付出，你不可能成功。成功与不成功之间就隔了一层薄纸，成功者是遇到困难能继续想办法解决，不成功者是遇到困难就退缩了。"

傅军从小吃过很多苦，在17岁时他失去了父亲，他的母亲当时身体也不太好。而姐姐在很远的一个地方上班，家里还有两个妹妹和两个更小的弟弟要照顾。可以说，家里的生活重担一下子落到了傅军一个人身上。

艰苦的岁月使得傅军突然坚强了许多，他一边参加工作，一边维持家用。可"屋漏偏逢连夜雨"，不幸和灾难接踵而至，先是一个弟弟去世了，紧接着家里的房屋因为年久失修也轰然倒塌了。

面对突如其来的变故，傅军的精神受到了前所未有的打击，他一下子感到生活出现了从未有过的艰辛，但很快他调整了自己，决心再难也要勇敢承担。

那时傅军每个月的工资是31块，至少有20块要给家里用。他说："那时在公社吃饭，人家一顿吃两毛三毛，我只吃一毛钱。家里冬天烧煤我要自己拉回去，吃的粮我也要供应。我的一件草绿色的衣服，一件破棉袄，大概穿了6年时间，那是我父亲留下来的。一直到我当茶山岭党委书记的时候还穿着。"

从小磨炼出的坚强和吃苦的精神成为了日后傅军创业的财富，直到现在傅军还承认先吃苦才能后享福的真理，他常说，"逆境是人生的宝藏。稍遇挫折，稍微身处逆境，就一蹶不振、停滞不前的人，绝不会成功；只有吃过苦经过磨难的人才能成功。"

是的，不经一番寒彻骨，哪得梅花扑鼻香？温室里的花朵是经不起暴风雨的洗礼的，经过暴风雨洗礼的人才能够体会到彩虹更美丽；人只有在经过打击之后，才会变得坚强；只有经受了恶劣环境考验的人，才能有更强的生命力。

人生中有很多障碍或苦难，这些障碍和苦难都藏匿着成长和发展的种子。但能够发现这些种子，并好好培育出果实的人，往往只有少数。这样的人到底是怎样的人呢？

第一种是决心要克服苦难的人。

没有决心，苦难不是"机会"，只会是苦难。

第二种是认为苦难是机会的人。

他们不被苦难吓倒，反而能从中找到奋进的机会。

人必须对人生道路上的曲折和困难有充分的认识和思想准备。由于人们世界观的差异，认识水平的不同以及所处的客观环境的不同，每个人都

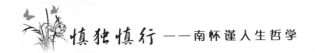

有自己与众不同的人生。但是不管人们的生活道路有何不同，有一点却是共同的——绝对笔直而又平坦的人生道路是不存在的。

在人成长过程中遇到的常见逆境有：理想与现实的矛盾，人际交往的障碍，学习上的困难，情感生活的困扰，竞争的失败等等，说到底，既然"人生不顺常十之八九"，那么摆在我们面前的任务就是克服困难，超越逆境，开创人生新天地。

其实，反思一下成功与失败的本质，我们就会发现，失败算不上什么了不起的事儿，它只是人心中对不成功表现出来的一种灰暗的状态而已，并且只能是一种状态，并不代表其他。所以，当你认识到这点后，就会面对失败付之一笑，然后积极想办法，这样，失败就会被我们很快摆脱过去。

第五章

常除两种病：

自私，虚荣

以公利为出发点，不为私欲所蔽

"义"和"利"是中国人进行道德评价的主要标准之一。南怀瑾认为，人有什么样的义利观，在生活中就会采取什么样的取舍态度，也就会拥有什么样的人生。

子贡虽是孔子的学生，但也是一个珠宝商，和他打交道的主要是各国的贵族，他们的共同特点是喜欢收藏稀有的珠宝来显示自己的身份和地位。但珠宝是没有固定价格的，它的售价可因买主身份的不同而有所不同。同一个珠宝，卖给大夫可能只卖十两黄金，卖给诸侯就可能以百两黄金的高价成交。同样，有些贵族买主也很看重销售者的身份和地位。同一个珠宝，在普通商人手里，他们会认为是一般的货色，不肯出高价去购买，而到了富商大贾手里，特别是到了有名望的大商人手里，他们就会认为这是稀世珍宝，用十倍甚至百倍的价钱买来之后，还觉得很高兴。

子贡不仅卖珠宝，与此同时，他还很重视从事慈善活动。一次，在做

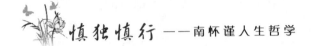

买卖的路上，子贡看到有一群人被鞭打着做苦工。一打听，原来他们都是流落在他国的鲁国奴隶，于是子贡就自掏腰包替他们赎了身，并把他们送回鲁国。按照鲁国当时的法令，赎回在他国为奴隶的鲁国人是可以向官府领取赎金的，可是子贡没有去领取，这件事不但为他带来了"博施于民而能济众"的美名，而且因为他名声的提高，也为他带来了更多身份高贵的买主。

子贡身为孔子大弟子，在有了一定经济基础后，还资助老师孔子到各国去宣扬儒家的政治理想，众多的史书都证明，子贡在陪同孔子周游列国时一方面资助老师，一方面做着买卖。《史记》记载，孔子师徒被围困于陈蔡之间，断了粮，后来，子贡卖掉一部分所携带的货物，孔子师徒才摆脱了困境。司马迁在评论子贡帮助孔子时，曾指出，"使孔子名扬于天下者"，是子贡发挥了重要作用，而子贡也因为"助师"而名声显赫，司马迁认为师徒二人这是"相得益彰"。

孔子思想中最伟大的成就，就是他对"仁"的发现和关于"仁"的理论的创立，他提出"以仁为本"和"泛爱众"的主张，就是要贵族阶级把被统治阶级的奴隶当人看待，承认对方是人而不是牲畜，这在人格上便是主张人与人的平等，这就是孔子"仁"的社会意义，也可以说是孔子的平等自由的新人类观，它奠定了我国古代传统的伦理基础。

毋庸置疑，商战重在功利。在商业经营中强调各种物质利益是客观存在的，也是商人行为的出发点和动力所在。但是，人的欲望绝不只是物质的，还应有丰富多彩的精神追求。从这个意义上来说，片面强调物质利益和物质刺激，就会误入歧途，使人一切"向钱看"。同时，人的物质需求欲望的无节制的增长，往往会远远地超过社会财富的增长速度。

孔子的商战伦理，既承认表示个人物欲的"利"，又强调代表利公利他精神的"义"，主张"义利"的统一，提倡"利以义制，先义而后利"，从而为商业的正常运行提供一种道义的协调力量。

在当代，经商的含义已越过单纯的交易与赚钱，它担负起了更多更重要的职责：比如，一是创造新的文化，二是在满足自身发展的需求上，谋利应该是有原则的，利应该服从于义，"见得思义"、"见利思义，义然后取"，也就是说，面对利益的时候，要先进行道德判断和是非判断，再确定取舍，这样，才能避免出现品性方面的偏差。

古人义利观，虽然反映了中国封建社会正统的儒家思想的义利观，但对于今天的我们仍有指导意义。

我们要把握"义"和"利"的内在涵义，要把"义"摆在首位，"义"要高，"义"应该是主导，我们要做"喻于义"的君子而非"喻于利"的"小人"，这才对得起自己的良知，才能堂堂正正、顶天立地的做人。

注重品行，不属于自己的东西就不去占有

南怀瑾认为，不管人类社会处于哪种形态，采用何种社会制度，"义"和"利"绝非完全对立、不能共存的，也并非有"利"则无"义"，有"义"则无"利"。事实上，恰恰相反，没有"利"，则不存在所谓的"义"，没有"义"，则"利"也会无所依从。

"义"不是一个空洞的道德律令以及伦理法则，"义"是有具体内容的。其中最重要的内容，即是处理社会的利益关系，所以"义"与"利"是密切相关的。问题不在于我们要不要"利"，而在于我们要的是怎样的"利"，怎样去获得"利"。

南怀瑾以孟子曾说过的"义，人之正路也"再三强调，"义"既然是正确的路，所以正义的路，就是人人都必须遵守的，反之，社会就会混乱，陷入无序状态。所以要协调好"义"和"利"的关系，而绝非将二者分开，把"义"作为处理利益关系的基本原则，这才是"义"的实质和意义所在。

日常生活中，并不是每个人都可以遵守"义"的原则，有些人只谋"利"却不顾"义"，特别是不择手段去谋"利"，所以"义"和"利"的取舍问题，说起来简单，做起来却不总是那么容易的。

下面这个故事生动地向我们展示了"义利"这一原则。

有一个人利用周末带着 9 岁的孩子去钓鱼，河边有块告示牌写着："钓鱼时间从上午 9 点到下午 4 点止。"一到河边，父亲就提醒孩子要先读清楚告示牌上的警示文字。

父子俩从上午 10 点半开始垂钓，直到下午 3 点 45 分左右，突然间孩子发现钓竿的末端已弯曲到快要碰触水面，而且水面下鱼饵那端的拉力很强。他大声喊叫父亲过去帮忙，这种情形显示应该是钓到了一条大鱼。

父亲一边协助孩子收线，一边利用机会教导孩子如何跟大鱼搏斗，两人经过一段时间的拉、放之后，终于将一条长 60 多厘米、重约七八斤的大鱼钓了起来。父亲双手紧紧捧着大鱼，跟孩子一起欣赏着，孩子显得非常高兴又很得意。不料突然之间，父亲看了一眼手表，收起笑容郑重地对孩子说："儿子，你看看手表，现在已经是 4 点 10 分了，按照规定，只能钓到 4 点，因此我们必须将这条鱼放回河里去。"

孩子一听，赶紧看自己腕上的手表，证实确是 4 点 10 分，但却很不以为然地对父亲说："可是我们钓到的时候，还没到 4 点啊！这条鱼我们应该可以带回家。"孩子一面说，一面露出渴望的表情，加上恳求的语气看着父亲，可是父亲却回答说："规定只能钓到4点，我们不能违背规定。不论这条鱼上钩的时候是否在4点以前，我们钓上来的时间已经超过4点，就应该要放回去。"

孩子听了之后，再次对父亲要求："爸爸，就这么一次吧！我也是第一次钓到这么大的鱼，妈妈一定很高兴。这里又没有人看到，就让我带回家去吧！"

父亲斩钉截铁地回答说："不能因为没有人看到就违反规定。不要忘记，人做天在看啊！天知道我们做了什么。"说着，将那条鱼放回河里去。孩子眼里含着泪水望着大鱼离去，默默地跟着父亲收拾起钓具回家了。

中国有句古语："瓜田不纳履，李下不正冠"，如果我们人人都像上面故事中的主人公一样守规矩，对于不属于我们的东西，不存非分之想，以良好的道德和品行约束自己，不惜放弃"钓到手里的大鱼"，那么，我们就做到了有人无人都一样。

还有一个故事对我们或许会有所启示：

有一位富翁，虽然他很有钱，可是却得不到别人的尊重，为此他十分烦恼。因为他的财富都是靠欺诈得来的不义之财。

一天，富翁在街上散步，看到一个衣衫褴褛的农夫，他终于找到了一个让自己炫耀的机会，于是他趾高气扬地向农夫面前丢下一枚沉甸甸的金币。谁知那个农夫听到金币"当"的一声落地后，头也不抬一下。富翁很生气，大声呵斥乞丐说："你是不是眼睛瞎了，耳朵聋了？不知道我给你的是金币吗？"那个人仍旧不看他一眼，还是不抬头继续赶路。富翁看了更生气了，赌气一般的又丢下了十枚金币，心想这下农夫一定会向自己道谢了，不料他仍然不予理睬。富翁气得跳了起来，大声叫道："我给了你十枚金币，你连谢都不谢我一声吗？"农夫平静地回答他说："有钱是你的事，但这钱不是我应该得的，我还要去干活，我能自食其力，我不愿得这非分之财。但尊不尊重你，我认为首先你要值得我尊重。"

这个故事或许能让人有所启发：金钱不是万能的，而作为金钱的奴隶们则错误地认为有钱就能够得到一切。实际上，金钱与人的地位和值不值得尊敬没有关系，良好的品行才是人安身立命的唯一资本。所以，人真正值得珍惜的财富，不是金钱和物质，而是健康的身体、简单的生活和心情上的海阔天空，是不为物累的睿智、平淡隽永的自得、真诚无欺的自爱。

所以，我们不能让利欲蒙蔽善良的本性，也不能因富贵而骄纵，不能因清贫而自惭，不能因宠爱而忘形，不能因失落而怅然。

过分执著的人在生活中很容易摔跟头

面对得失成败，是轻松面对还是执着坚守？不同人有不同的态度。有人说，生活中没有执着，什么事也难做成。是的，对生活执着，能战胜痛苦磨难，笑对生活；对工作执着，能排除障碍，成就事业；对学习执着，能披荆斩棘，摘收成果；对爱情执着，能勇往直前，享受爱情蜜汁。

但南怀瑾认为，执着也分具体情况。虽然执着是一种做事踏实的品质，执着的人往往能达到目标，但也要量力而行，有时不懂得放弃执着，甚至会产生"撞南墙"的结果。

生活中，我们无数次地看到这样的情景：很多男女双方都自认为无限执着地爱着对方。因为这种执着的爱，有些人就产生了一种必然的恐惧，那就是怕失去对方，为了不失去对方，就想尽一切办法，让对方时时处处都在自己的掌控之下。这种做法不仅让自己处在紧张之中，也让对方压力重重。这不但使自己痛苦，也使他人难受。有些人的结果最终就是分手。

大家都知道"猴子捞月亮"的故事吧。

有一只小猴到井台上玩儿，发现水井里有一个月亮。于是它跑回去告诉猴王说："不得了了，天上的月亮掉到水井里去了"。猴王一听，这还了得，急忙带领众猴去井里捞月亮。它们一只捉住一只的尾巴形成猴链下到井下，拼命地捞起了月亮。结果当然不管它们怎么捞都无法将那月亮打捞上来。但它们很是执着，直到在井上的猴王实在坚持不住了，最终不得不松手。它的猴子猴孙纷纷掉进了水井里。

猴子的这种执着是被人嘲笑的。生活中很多人也常做着明知不可为而为之的执着事情。

南怀瑾认为：人生在世，有所得，必有所失，两者总是很难兼顾的。该放弃的时候还是要放弃的，因为过分的坚持，过分的执着，有时只会带来不必要的麻烦。所以，在生活中，对于所拥有的，要珍惜，要知足；对于那些不该得到的东西，切勿不择手段，一味奢求；而对于失去的东西，则不要耿耿于怀，老是牵挂于心，放不下。

人在得失问题上，要弄懂弄通两者之间的关系。尤其对失，应该豁达一些，淡泊一些，千万不可太介意，太看重。

有这样一个故事或许能让人有所启发：

一个和尚肩上挑着一根扁担信步而走，肩担上悬挂着一个盛满绿豆汤的壶子。他不慎失足跌了一跤，壶子掉落到地上摔得粉碎，这位和尚仍若无若其事地继续往前走。

后面有个人急忙跑过来着急地说："你不知道壶子已经破了吗？"

"我知道。"和尚不慌不忙地回答道，"我听到它掉落了。"

"那么，你怎么不转身，看看该怎么办呢？"

"它已经破碎了，汤也流光了，你说我还能怎么办？"

这个故事告诉我们：在得失之间，一定要有寓言中和尚那样的心态——得则得之，失则失之。失去了的东西，无论多么贵重，不能让自己饱受心惊的煎熬。

任何事情的发展都有开始、结果，任何事，不管是得到还是失去，都不要看得太重。得之，不要大喜，不可贪得无厌；失之，切勿大悲，不可失去精神。当我们与得失擦身而过的时候，应该坦然面对，做到宠辱不惊。对待别人之得，不攀比、不眼红、不妒忌，对待别人之得，自己找差距、析方向、化动力；对待别人之失，不旁观、不讽刺、不消极，对待别人之失，自己吸教训、振精神、创未来。这才能学会生活，才会快乐，才会幸福。

当今时代，生活丰富而多彩，但很多人仍会纠结、会执着于困惑、苦恼之中不能自拔，此时，应该放弃执着，及时调整自己的心态。让自己保持一颗平常心、一颗坦荡心、一颗感恩心、一颗博爱心。如果懂得了这个道理，人就不会生活在执着中产生无奈和困惑了。所以，为人应该放开眼界，敞开胸怀，这样才能让自己身心舒畅，乐享人生。

积极参与竞争的同时也不要看得太重

南怀瑾认为，不论是为官从政，还是经商从军，人人都想建功立业，这是正当的追求。确实，正常的人会认为，人应该去追求功名，所以积极地参与竞争也是件值得鼓励的事，只是在追求自己的梦想之时，对名利不要看得太重，尤其竞争时不要带着恶意。

在古代，过分地争名夺利引发人际间的矛盾和冲突的例子很多，甚至有给自己招致灾祸的例子。

齐景公时期，齐国有三位著名的勇士：公孙接、田开疆、古冶子。他们人人武艺高强，勇气盖世，为国家立下了赫赫功劳，俨然是齐国武将里的明星。这三人意气相投，平日结为异姓兄弟，彼此互壮声势。但由于自恃武艺高，功劳大，他们非常骄横，不把别的官员放在眼里，甚至对齐景公也有时不尊敬。

有一天，齐景公宣来三位猛将，说要赏赐他们。三人听说国君有赏，兴冲冲地前来。到了殿前，却看见案上有一个华丽的金盘，盘子里是两个娇艳欲滴的大桃子，一阵芬香扑鼻而来。三个勇士顿时流下了口水。

晏子对他们说："三位都是国家栋梁、钢铁卫士。这宫廷后院新引进了一棵优良桃树，国君要请您们品尝这一次结的桃子。可惜，现在熟透的只有两个，就请将军们根据自己的功劳来分这两个桃子吧。"

三将中，公孙接是个急性子，抢先发言了："想当年我曾在密林捕杀野猪，也曾在山中搏杀猛虎，密林的树木和山间的风声都铭记着我的勇猛，我还得不到一个桃子吗？"说完，他上前大大方方取了一个桃子。

田开疆也不甘示弱，第二个表白："真的勇士，能够击溃来犯的强敌。我老田曾两次领兵作战，在纷飞的战火中击败敌军，捍卫齐国的尊严，守护齐国的人民，这样子还不配享受一个桃子吗？"说着自信地上前取过第二个桃子。

古冶子原本不好意思太争先，客气了一下，不料一眨眼桃子就没了，怒火顿时燃烧着他的脸庞，他说："你们杀过虎，杀过人，够勇猛了。可是要知道，俺当年保护国君渡黄河，途中河水里突然冒出一只大鳖，一口咬住国君的马车，拖入河水中，别人都吓蒙了，唯独俺为了让国君安心，跃入水中，与这个庞大的鳖怪缠斗。为了追杀它，我游出九里之遥，一番激战要了它的狗命。最后我浮出水面，一手握着割下来的鳖头，一手拉着国君的坐骑，当时大船上的人都吓呆了，没人以为我会活着回来。像我这样，

是勇敢不如你们，还是功劳不如你们呢？可是桃子却没了！"说罢，"喤
唧"一声，他拔出了自己的宝剑，剑锋闪着凛凛的寒光。

前两人听后，不由得满脸羞愧，说："论勇猛，古冶子在水中搏杀半日
之久，我们赶不上；论功劳，古冶子护卫国君的安全，我们也不如。可是
我们却把桃子先抢夺下来，让真正大功的人一无所有，这是品行的问题啊，
暴露了我们的贪婪、无耻。"说着竟拔剑自刎！两股鲜血，瞬间便染红了齐
国的宫殿。

古冶子看到地上的两具尸体，大惊之余，也开始痛悔："我们本是朋
友，可是一会儿的工夫，他们死了，我还活着，这就是不仁；我用话语来
吹捧自己，羞辱朋友，这是无义；觉得自己做了错事，感到悔恨，却又不
敢去死，这是无勇。我这样一个"三无"的人，还有脸面活在世上吗？"
于是他也自刎而死。

区区两个桃子，顷刻间让三位猛将倒在血泊之中，这都是过分争名夺
利造成的危害啊！

南怀瑾认为：人有这么一类通病：狭隘、小气、晦涩、"皮里春秋"、
烦忧、自卑、绝望，猜疑、恨忌……但"圣贤见利让利，处名让名，一副
淡雅、闲静的样子，不与世抵触"。就是说，真正的智者，不应当过分争名
夺利，在名利问题上，要适当淡泊一些，要拿得起，放得下，竞争提倡正
当竞争，追求利益要光明正大，同时还要把眼光放到整个社会利益的角度

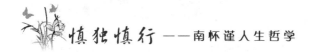

上，这才是一种豁达大度的境界，这才是一种胸襟坦荡的从容。

比如，如果发生了有人当众污辱你，不要记恨他，随他而去好了；比如，如果身边的人做错了事，不要喋喋不休地算他的账，指出对方的症结帮其改正就行了；比如，你的部下"捅"了你的"壁脚"，不要给他"穿小鞋"，开诚布公地谈谈心，问题也许就解决了。对朋友，古人大多以"愿车马衣轻裘与之共敝而无憾"来对待；对知己，古人大多可以壮吟"风萧萧兮易水寒"，去为之献出热血与头颅。而我们今人，要承接古人文明礼貌传统之风，现和谐团结新风。竞争确实是残酷的，但不能是带有恶意的，竞争是要通过手段的，但不能不择手段。

人要从狭隘的自我中解放出来，认清生活中什么是最重要的，这样才能真正让自己得到幸福，享受轻松而快乐的人生。

"不贪" 为修身之宝

南怀瑾在讲述中国传统文化思想时不止一次地提到名利与人生的关系，他强调人生在世，并非是为了功名富贵而活，而是为了内心的充实而活，所以，为人绝不能唯利是图不择手段地追求名利。他在诠释这其中的哲理时曾以孟子对公孙丑的典故加以讲解。

孟子说："吾善养吾浩然之气。"

公孙丑问："敢问何谓浩然之气？"

孟子说："难言也。其为气也，至大至刚，以直养而无害，则塞于天地之间。其为气也，配义与道；无是，馁也。"

孟子在这里说得比较抽象，但其所说浩然之气孕育着"直、义、道"等内容，即正直、仁义、有思想。

曾国藩初出办团练，便标榜"不要钱、不怕死"，为时人所称许。他写信给湖南各州县公正绅耆说："自己感到才能不大，不足以谋划大事，只有以'不要钱，不怕死'六个字时时警醒自己，见以鬼神，无愧于君父，才能借此来号召乡土的豪杰人才。"

后来他与江西抚、藩为粮饷事而争执不休，自己好长一段时间郁郁不自得，此后，他"想通"了，不再执着，对"养气"做了一个比较具体的说明：

"欲求养气，不外'自反而缩，行谦于心'两句。欲求行谦于心，不外'清、慎、勤'三字。因将此三字各缀数语，为之疏解。'清'字曰：名利两淡，寡欲清心，一介不苟，鬼伏神钦。'慎'字曰：战战兢兢，死而后已，行有不得，反求诸己。'勤'字曰：手眼俱到，心力交瘁，困知勉行，夜以继日。此十二语者，吾当守之终身，遇大忧患、大拂逆之时，庶几免于尤悔耳。"

后来，曾国藩又将"清"字改为"廉"字，"慎"字改为"谦"字，"勤"字改为"劳"字，成为"廉、谦、劳"。

曾国藩谆谆以"勤俭"二字训诫后代，也孜孜以"勤俭"二字严律自己。他终身自奉寒素，过着清淡的生活。他对儿子纪泽说："我做官二十年，不敢沾染官宦习气，吃饭住宿，一向恪守朴素的家风，俭约可以，略略丰盛也可以，过多的丰盛我是不敢也是不愿的。"

曾国藩早起晚睡，布衣粗食。吃饭，每餐仅一荤，非客至，不增一荤。他当了大学士后仍然如此，故时人诙谐地称他为"一品宰相"。"一品"

者，"一辈"也。他三十岁生日时，缝了一件青缎马褂，平时不穿，只遇庆贺或过新年时才穿上，这件衣藏到他死的时候，还跟新的一样。他还规定家中妇女纺纱绩麻，他穿的布鞋布袜，都是家人做的。他曾幽默地说："古人云：'衣不如新，人不如故。'然以吾视之，衣亦不如故也。试观今日之衣料，有如当年之精者乎？"

曾国藩全家五兄弟各娶妻室后，人口增多，加上兄长做官，弟弟们经手在乡间新建了不少房子，他知道后对此很不高兴，曾驰书谴责九弟说："新屋搬进容易搬出难，吾此生誓不住新屋。"事实上，他一辈子没有踏上新屋一步，卒于任所。

曾国藩在其家书中写道："余在京四十年从未得人二百金之赠，余亦未尝以此数赠人。"他规定，嫁女压箱银为二百两。同治五年，欧阳夫人嫁第四女时，仍然遵循这个规定。曾国荃听到此事，觉得奇怪，说："真有这事？"打开箱子一看，果然如此，不由得再三感叹，以为不能满足费用，所以又赠予四百两金子。嫁女如此，娶媳也如此。曾国藩在咸丰九年七月二十四日的日记写道："是日巳刻，派潘文质带长夫二人送家信，并银二百两，以一百为纪泽婚事之用，以一百为侄女嫁事之用。"

曾国藩之所以为后世称道，其不被眼前微小的利益所迷惑"坏了一生人品"是其中的重要原因。

《菜根谭》中写道："人只一念贪私，便销刚为柔，塞智为昏，变恩为

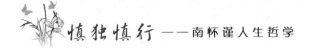

惨，染洁为污，坏了一生人品。故古人以不贪为宝，所以度越一世。"意思是说：一个人只要心中刹那间出现一点贪婪或偏私的念头，那他就容易把原本刚直的性格变得很懦弱，原本聪明的性格被蒙蔽得很昏庸，原本慈悲的心肠变得很残酷，原本纯洁的人格变得很污浊，结果是毁灭了一辈子的品德。

南怀瑾认为：钱财权势永远是流转的，它不会是某个人的私属品，没有谁能够长久独占。做人要以"不贪"二字为修身之宝，如果我们的品行道德能够与财富与权势相得益彰的话，才算是拥有天大的财富。

《劝忍白箴》在讲到利与害时，言"利是人们喜爱的，害是人们都畏惧的。利就像害的影子，形影不离，怎可以不躲避。很多人贪求小利而忘了大害，如同染上绝症难以治愈。也有人认为利如毒酒装满酒杯，好饮酒的人喝下去，会立刻丧命。这是因为只知道喝酒的痛快，而不知其对肠胃的毒害。遗失在路上的金钱自有失主，爱钱的人不择手段获取就会被抓进监牢。用羊引诱老虎，老虎贪求羊而落进猎人设下的陷阱；把诱饵扔给鱼，鱼贪饵食却丢了性命。"

现今很多人喜欢名利，因为名使人有成就感，利使人精神上会很振奋。人们惧怕灾难，因为灾难令人感情痛苦，心智受到损害。人趋利避害，是共同的心理，但追求名利、逃避灾害的方式人人不同。有些不知事理的人，总是被眼前微小的利益所迷惑而忘记了其中可能隐藏的大灾祸，甚至还有些人只见利而不见害，最终导致"坏了一生人品"，毁了美好的前程。这不能不引起我们的警惕！所以，人可以追求名利，但绝对不能唯利是图。

很久以前，有位年轻人和他的舅舅结伴到各地去做买卖。一天，他们来到一个地方，遇到一条大河。舅舅先渡过河去，他想先看看对岸的情形，于是沿着河岸一路走过去。走了不远，看到一间小茅屋，走进一看，屋里有一个女人，还有一个小女孩。母女两人见商人问自己有什么可卖的，女孩便对妈妈说："妈！咱们后屋里有一只大盘子，很多年没用了，不管值多少钱，卖了总比搁在那儿好。最好能换一颗洁白的珍珠，我多么想要一颗珍珠啊！"

母亲想想也对，便走进后屋，找出那只盘子，拿过来给商人看。商人用力刮了一下，发现盘子是金的，这可是无价之宝啊。但商人并不想对这对母女说实话，因为如果告诉她们是金盘，就要花更多的钱收购。于是，他就假装很不屑的样子，把盘子往地下一摔，轻蔑地说："我以为是什么宝贝东西呢，原来是一只破盘子。"随后就离开了，他心里盘算着，过一会儿再上门去，那对母女肯定不指望一个好价钱了，正好低价购入。

没过多久，那个年轻人也过了河，也沿着这个方向来找他的舅舅。女孩见又来了一个商人，便又将盘子拿给年轻人看。年轻人一看，告诉母女俩说："这只盘子太值钱啦！这是用非常贵重的紫磨金制成的。我要拿我所有的货物和你换，行不行？"

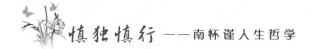

母亲很高兴地说:"当然好啦!"年轻人连忙去找舅舅,找到后,借了两枚金币,雇人把货物运过河来。舅舅一听外甥要换这只名贵的盘子,很不甘心失去这无价之宝,就趁外甥去河对岸运货时,赶到那母女俩家,装作很大方的样子说:"其实你们这只盘子不值什么钱,不过,看来你们的生活也不富裕,我就拿几颗珍珠和您们换吧!"

那母亲对他说:"我们的盘子已经和一个好心的年轻人讲好价钱了,他会拿他所有的货物和我们交换。你不要再到我家里来了!"

商人出来,气得捶胸顿足地叫道:"我那只宝贝盘子!"由于悔恨交加,一气之下他竟吐血而死。

"不贪"是做人的法宝,即使经商也要注重信义二字。人切不可贪恋不义的"横财",更不可耍诡计诈取别人的钱财,或占别人的便宜。否则,最终导致自己吃亏和遭受损失的后果。

"有所求"与"无所得"

人生的目的是什么？对于这个问题中国古人给了我们最好的解释。

《尹文子大道上》说："故曰：礼义成君子，君子未必须礼义，名利治小人，小人不可无名利。"翻译过来就是世人总是将功名富贵看成是人生成功的标志和象征，仿佛只要得到了功名富贵，就得到了世间一切；没有了功名富贵，就仿佛做人都不成功，或者做人做得一无所有。

庄子也曾说过："至人无己，神人无功，圣人无名。"是说高人忘却自我，神人忘却功业，圣人忘却名利。

南怀瑾认为，功名富贵只是人追求的一部分，而不是人生追求的全部。这也是为什么有些腰缠万贯的富翁，始终不快乐的原因，因为他们虽然得到了功名富贵，但内心却是空虚的。

功名富贵虽然能让一个人得到很多物质上的占有欲和满足心，但却是阻碍一个人境界上升的障碍，一个人若是不能看淡功名富贵，必然难以静下心来修身养性，自然也就不能达到圣人忘却名利的境界。

佛家讲人生七苦，其中之一就是"求不得"，也就是有所求而无所得。有所求和无所得就像钱币正反面，有深深的关联。很多人一辈子在"有所求"上不断挣扎，但结果却是"无所得"，所以内心痛苦。

香港作家张立有一番妙论："口袋里无钱，存折里无钱，但心里装满钱的人最苦；口袋里有钱，存折里有钱，但心中无钱为大福也。"他认为，追求功名富贵没有错，但是不能让追求功名富贵充满自己的内心世界，否则，那便是最痛苦的。

中国古代有"学而优则仕"的说法，似乎是只要读好书的人，一定可以飞黄腾达，走上仕途，换来金钱无数，良田万亩，于是有了一大批的人为此皓首穷经；这些读书人中的大多数之所以会选择读书，目的就是为了通过读书而求取功名富贵。当然，也有些人一旦坐上权力的位置，由于把控不住自己，做官时横征暴敛，贪污腐败，大肆搜刮民脂民膏，最终不但没有造福社会，反而为害一方，被钉上了历史的耻辱柱。

人如果对物欲没有底线，为人处事就会掺杂了太多的虚荣，就会拼命想要发大财、赚大钱，而这样做的结果只能让自己徒增烦忧。更有甚者，有些人为了获取不义之财，坑蒙拐骗，不择手段，不但落得一场空，而且锒铛入狱，受到了法律的制裁，这是贪婪的结果。

其实，人的人生价值不是通过占有财富的多少来衡量的，有爱，有家，有朋友，以自己的劳动来获取财富是"正义之财"，人追求的不仅仅是财富，还有平静的生活，以及和家人朋友一起分享的美好时光。但一个内心充满虚荣的人，眼中看不到亲人、朋友、家，总是贪图追求利益，他们眼中只看到拥有财富的数字，因而他们也是绝对不可能快乐和幸福的。

收入不高，我们可以量入为出，没必要借钱摆阔气；住得不够宽敞，只要舒适就行，没必要为了"面子"非得住大房子；朋友之间交往，喝喝茶，聊聊天，平平淡淡也可以……

人的生命需要的财富并不多，生活也容不下太多的虚荣，只要让自己衣食无忧、有高尚的追求就可以说是在过殷实的生活。很多人日子平平淡淡，但内心却会因为这种平淡而更加地安定、温馨，因为这才是真正的生活。

出入得宜，知取知舍

南怀瑾认为：人生的目的不是占有，而是学会适当的放弃，世事无常，别说你有千百万，死后带不走半分文。

学会放弃，这个道理说来简单，做起来却很难。许多人只知道对物欲不停地追求，他们走不出执着的"陷阱"，甚至掉进痛苦中仍不能自拔，最终让"不放弃"带他们走上了极端的穷途末路。古人云："自古知机为俊杰，只因财利可亡身。"的确，从古至今，为了财利终至亡身的人，如过江之鲫，数不胜数。

南朝梁代有个人叫鱼弘。他曾追随萧衍南征北战，立下了不少功劳。后来，萧衍当了皇帝，赐给鱼弘15顷田，一座山林，8万棵林木，但鱼弘却并不满足，终日不露笑脸。他的妻子深感不安，于是直言相问："官人，你是不是觉得皇帝给你封赏太少，所以不开心？"

沉吟半晌，鱼弘说："一个君主，论功要平，惩罚要当，这是常理。我随君主转战各地，出生入死，吃他的俸禄应该不止于此。"

"你的功劳的确不小，但你不应该总是贪得财富、追求显达，这也不应该是你的为人之道呀！"他的妻子劝道。

然而，鱼弘对这些道理很难听得进去。他仗着梁武帝的信任，嫌郡守官小，于是竟然公开勒索钱财，并大言不惭地对人说："我做郡守，郡中有四尽：水中鱼鳖尽，山中獐鹿尽，田中米谷尽，村里人口尽。人生在世，就是要快活享乐，做郡守不享乐，什么时候富贵享乐！"他到处让人到民间敲诈勒索，让民工到深山里砍来高贵的树木，运来高级的花岗石，找了一块好地方建造豪华的郡守府。平时，他的车马服饰，皆用丝绸锦缎，生活十分奢侈，自身又荒淫无耻，有侍妾百余人。他的妻子管不了他，只好任他去做，鱼弘终因生活糜烂、纵欲过度，没几个春秋，便一命呜呼了。

后来，有人评论鱼弘说："眼睛睁得那么大，我且问你，金钱、名声，百年以后，哪一样是你的？"的确，满库金，满堂玉，何曾免得无常路？一个人如果不能摆脱名利的束缚，不但不会有好的结果，反而可能影响本来应得的好前程。

好好生活，技巧在于拥有平和的心态，尤其不为物役、不为境迁，要能在"百花丛里过，片叶不沾身"，这才是真实的生活，自在的生活。

当然，生活中有时我们并不如别人，此时也不要期望自己一定要胜过他人，自己要清楚自己想要的是什么，不攀比，不眼红，过自己的生活，

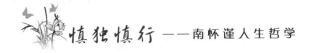

做自己的主人，欣然享受着自己内心的快乐自在。得亦不骄傲，失亦不消沉。

南怀瑾在教诲学生时，常说，一个修道的人，要出入得宜，知取知舍才好。他认为出世与入世两者并立，两者不矛盾，是为人处世的正确态度。

所以，生活中，人不要太执著，太执著就会陷入固执；也不能过于清高，太清高就会消极避世；人要以出世的思想做人，以入世的思想做事，这才是正确的人生观念。

看透人生的悲欢离合，放下对世俗人情的执着，舍弃对财富名利的迷恋，就会将个人的精神提升到一个新的境界，就能役使万物而不为万物役使，在社会中保持一份清醒、一份洒脱、一份自立。

第六章

常备两剂方：
自我反省，
自新进步

改过宜勇，迁过宜善，敦品励行

一个人在前进的途中，难免会出现这样或那样的过错。如何对待自己的不足和曾经犯过的错误，反映了他的人生境界和道德修养。南怀瑾指出，对一个君子来说，正确对待自己过错的态度应当是：知过必改。这是善待自己，更是善待自己心灵的表现。这样的人也值得推崇和尊敬。

古代有一则著名的故事。

东晋时，在江苏宜兴，有一个强横少年，名叫周处，由于他凶横无比，人们对他又恨又怕，将他与当地山上吃人的猛虎与河里凶残的恶蛟相提并论，称为"三害"。周处知道后，想改善自己的形象，主动去与乡老商量，要杀猛虎和恶蛟。他杀死了猛虎以后，又下河去杀蛟，徒手与蛟龙搏斗，沿江沉浮而下，三天三夜之后，血水把河面都染红了。人们以为周处也死了，欢呼雀跃。周处上岸后满怀高兴，看到的却是人们为他死而庆贺的场面，真是难过至极。于是，他走到当时著名的文人陆机、陆云兄弟家中，倾诉了他的苦闷，他说："我现在十分痛悔以前所作所为，只怕是自己年事蹉跎，改也来不及了！"陆云对他说："古训有言，早晨能认识真理，就是晚上死了，也无所遗憾。认识错误、改正错误没有早晚的区别。一个人只怕不立志，哪里有发奋做人而一事无成的道理？更何况你年华正茂，前途还很远大！"周处听了以后，虚心接受批评，回去潜心习武，刻苦读书，终于在朝廷谋得了官位，直至御史中丞，成为国家的大将，后在抵抗外族入侵的斗争中，以身殉国，成为一名英雄。

南怀瑾指出，"改过宜勇，迁善宜速"，这是古人的经验之谈，也是今人需要继承的。人如果做错了事，说错了话，最好的弥补方法，就是尽快地说一声"对不起"，想一种弥补的方式。同时，承认自己的错误，表示自己悔改的意向，采取积极的行动去弥补自己的过失，这非但不会因暴露丑恶而使自己失"面子"，反而会因为坦率、诚实而引起人们对你的敬佩和尊重。

很多人有一个弱点，在错了的时候喜欢为自己辩护、为自己开脱。其主要原因可能是虚荣心在作祟。还有很多人认为自己在各方面的能力都不错，于是养成了"一贯正确"的意识；在真的出现过错时，自己的心理不接受。出于对"面子"的维护，找理由开脱，或者干脆将过错掩盖起来。当然，这里还有一种原因是怕影响自己在他人中的威信及信任。而实际上，这种文过饰非的态度常会使犯错人在错误的航道上越走越远。

而敢于正视自己的过错，其实会得到他人的赏识与信任，使他人对自己更加敬重，从而提高自己的威信。因此，每个人都应该学会坦诚地面对错误、有勇气改正错误的习惯。

人对待自己的错误应该采取的正确态度是：

（1）以正确的态度从所犯的错误中汲取教训，坦率地承认错误和检讨自己的不足。

有些人由于不知道如何从错误中汲取教训并加以改进，所以只是一味地逃避错误。他们不知道，这种行为本身已铸成大错；还有一些人犯了错误却没能从中汲取教训，反而推卸责任，欲盖弥彰。这些都是为什么有如此多的人总是循环往复地犯着自己以前曾经犯过的错误而不思进取的根源。他们会一而再、再而三地犯错，丝毫没有长进。这都是不吸取教训的表现，也是不成熟的表现。

正确的知错改正方式是以正确的态度从所犯的错误中吸取教训，在以后的人生道路上少走弯路，这才是聪明、明智的做法，也才是成熟的表现。所以，当我们不小心犯了某种错误，最好的办法是坦率地承认和检讨，并尽可能快地对事情进行补救，这样才有利于日后的进步。

（2）对自己宽容，犯了错误不过分自责。

是人都难免犯错误，知道悔悟和责备自己，是敦品励行的原动力，但是，这种因悔悟而对自己的责备应该适可而止。如果悔恨的心情一直无法

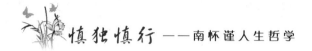

摆脱，一直苛责自己，懊恼不止，那就是一种病态，或可能形成一种病态的自卑心理了。而我们不能让病态的心情持续，要相信自己能够控制自己，而最有效的方式就是从错误中汲取教训，并在以后做事情的时候以积极的心态改进自己的行为，把事情做得更好。

人非圣贤，孰能无过？一个人犯错难免，但要有改过的勇气，否则，就不配称之为一个顶天立地的人，也就没有成功的机会。所以，我们不要怕犯错，要养成知错必改，不再犯同样错误的意识。同时，一旦犯错，改过迁善，以迅速、努力和积极的行动弥补自己的过失和不足，完善自己的品行和行为，这样才能不断提升个人的修养，道德品行亦会提高。

反省是成功的加速器

为人处世，要有自知之明。凡事不仅要三思而后行，而且，在实施的过程中或在实施之后还要做深刻的反思，不能停留在成绩上沾沾自喜；更不能让所谓的"成绩"蒙蔽了自己的双眼，阻挡了争取更大进步的机会。

南怀瑾强调，学无止境，保持谦虚的学风，对一个人的进步至关重要。事实上，每个人在做事的时候都要持有自我反省、自我修正的态度，并以不断的追求去实现自己美好的愿望。一个善于自我反省的人，往往能够发现自己的优点和缺点，并能够扬长避短，发挥自己的最大潜能，最终取得事业上的成功。

有这样一个故事：

德山禅师本姓周。自幼熟读经律，精通《金刚经》，尤其对《青龙疏钞》很有研究，他常向众人讲解金刚经，当时的人都称他"周金刚"。

一日，他听说南方龙潭禅风很盛，大有超越中原之势，便大为不满地说："我学道多年，不知走了多少里路，翻烂了多少本书，才称得上得道高僧，他们也配谈佛？我决定去会一会他们。"于是，他带着《青龙疏钞》，从中原直奔南方而去。

一天，他遇到一个老太太在树下卖饼子，便放下担子，上前买饼。老太太见他挑了一担子书，便问："你挑的是些什么书啊？"

"《青龙疏钞》。"德山得意地答道。

"是讲哪一部经的？"老太太接着问。

德山回答："《金刚经》。"

老太太有意考他："我有一个问题，如果你答得出来，我免费供你饼子；否则，就不卖你啦！"德山一口答应。

老太太说："《金刚经》中曾说：'过去心不可得，现在心不可得，未来心不可得。'不知你要点的是哪个心？"德山没想到老太太会问出这样的话来，一时哑口无言，只得饿着肚子去龙潭了。

一进大门，德山就大叫起来："我早就向往龙潭，可是到了这里，原来是空空如也，潭也不见，龙也不现。"

龙潭禅师听到后，走出来对他说："潭也有，龙也在，你已经见到龙潭了。"

德山想到那卖饼子的老太太，突然觉得自己"道行"并不深。

曾子曰："吾日三省吾身，为人谋而不忠乎？与朋友交而不信乎？传不习乎？"世界上没有人是十全十美的，每个人都不是全能全知的，即使像圣人贤才、帝王将相，也有很多缺点和不足，伟人也同样会犯错。只是当一个人犯了过错之后，是否知道自我反省，是否能立刻改正，这很关键。有些人犯了错，仍自以为是或沾沾自喜，显示了自己内心的贫乏和无知；有些人在别人指出之后要么执迷不悟，要么百般狡辩，那更是愚蠢至极。智者不仅常自我反省，同时敢于正视自己。

唐太宗正是以能够反躬自省的一代明君的美名流传千古的。贞观八年，唐太宗对侍从的大臣们说："我每当无事静坐，就自我反省。常常害怕对上不能使上天称心如意，对下被百姓所怨恨。只想得到正直忠诚的人匡救劝谏，好让我的视听能和外边相通，使下面没有积怨。"

贞观二十二年正月，唐太宗临终前，对太子李治教诲时反省了自己的一生："你应该从历史中找古代的贤明帝王为学习的典范，像我这样的不足以效法。我做了许多错事，比如锦绣珠玉不绝于前，宫室台榭常有兴造，犬马鹰隼没有不去的地方，行游四方又劳民伤财，这都是大错，你不要以为这都是好事，总想学着去做。"

太宗能在晚年对自己做出客观的评价，指出自己的过失，并不以为自己尽美尽善，实属难能可贵。反省，是人的一种最优秀的品质，只有经常反省的人才会有进步。

南怀瑾指出，反省是成功的加速器。经常反省自己，可以去除心中的

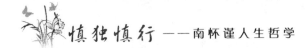

杂念，可以理性地认识自己，对事物有清晰的判断；也可以提醒自己改正过失。人只有全面地反省，才能真正地认识自己，只有真正地认识自己并付出了相应的行动，才能不断完善自己。

一个人要培养率直的心胸，心胸宽广就能有"容"的气量，就能不断反省自己、改进自己。南怀瑾认为，人无论做什么事情，每天反省，就能很快地成功。

不论成功或失败，实际上都只是一种过程。成功固然可喜，失败也不必灰心，探讨失败的原因，汲取失败的教训，就能继续争取成功。而自我反省，是一种主动地在自己身上找毛病的好品格、好习惯，人不能在等到别人给指出问题之后才开始反省或才开始检讨自己，抑或是在别人给指出问题之后仍执迷不悟。一个人反省的好品格、好习惯若能养成，定会取得骄人的成就。

摒弃怨天尤人，早日反省自己

现实生活中，存在不少这样的人，他们把抱怨当成是聊天儿的唯一方式，而不会寻找其他的话题。即使没有什么抱怨的事情发生，他们仍会抱怨，主题也可以是五花八门的：天气、交通状况、商场里拥挤的人群、银行里的长队、待遇太差、疾病的困扰、子女的问题等等。

南怀瑾曾说过这样一段有意思的话：大多数人都会觉得抱怨是很好的发泄工具，抱怨在不经意间表达出来，好像也很值得别人理解，但他们往往忽略了这种情绪对自己的消极影响。是的，如果你习惯于抱怨，在遇到问题或者经受挫折的时候，你把你的注意点全都放在了抱怨上，你虽然能在短时期内有所发泄，但是你可能会因此而给自己招致很多消极的、负面的影响。爱抱怨者，可能很难意识到：很多麻烦都是他们自己一手造成的！

是的，很多人工作没做好，却认为上司无端找自己麻烦；还有些人不看天气预报，被雨淋了都怪老天，这都是不对的。因为抱怨是一个人不能

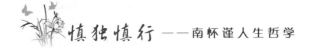
正确对待事物的表现。所以，当你再试图抱怨的时候，不妨先从自己身上找找原因。否则，一旦你养成了抱怨的习惯，就会把自己的问题隐瞒起来，结果自己问题重重，却仍指责他人，把矛盾"下放"给别人，到头来你会失去那些本来喜欢你的朋友、家人、上司等⋯⋯最终形成恶性循环，你抱怨不断，心境却变得更加糟糕！

不要把抱怨当成习惯，这样会失去与别人交流的能力。不要抱怨别人，不要抱怨环境；你试一试，当你无法改变环境，就改变自己，这样环境会发生变化；但当你改变不了别人，不努力改变自己，你看一看，自己以及环境都不会有变化。

有这样一个故事值得深思：

一个小和尚想跟老和尚学书法，老和尚说："从'我'字练起吧！"并给小和尚提供了几个前辈和名家们的"我字帖"。

小和尚练了一个上午的"我"字之后，拣自己比较满意的一个"我"字，拿去让师父指点。老和尚斜了一眼说："太潦草了，接着练。"

小和尚接着练了一个星期，自己也记不清究竟练了多少个"我"字了，便又拣几个自己满意的字，拿去让师父看。老和尚随手翻了翻那几个字，一边背过身去一边轻声说：太漂浮了，接着练。

小和尚沉住气，接着练了半年，基本上能把前辈和名家们的几个"我"字临摹得惟妙惟肖了。

小和尚又拿去几个，请教师父。老和尚静静地看了一会儿那几个字，拍拍小和尚的肩膀说："有长进，有出息，不过，还是接着练，因为你还没有掌握'我'字的要领。"

受到肯定和鼓励之后，小和尚终于静下心来，揣摩着师父的开导，一遍遍、一天天地练下去。半年之后，小和尚又找到师父。这次只拿来了一个"我"字，不过，这个"我"字不是泛写和临摹了，每个笔画都是异样的一种新写法。很显然，小和尚熟能生巧地练就、独创了一种书法新体。

老和尚终于满意地笑了，他意味深长地对小和尚说："你终于写出了自己的'我'，找到了'自我'了。"

从这个故事中我们得出了什么道理？其实，你有没有发现，世界上有一个人，离你最近也最远；世界上有一个人，与你最亲也最疏；世界上有一个人，你常常想起，也最容易忘记——这个人，就是你自己。无论写字还是做人，唯独一个"我"字最难把握，最难出新，所以，许多人一辈子也没认识自己，反而总是抱怨和责怪他人。而从某种意义上说，认清了自我，把握了自我，世上就没有什么事情看不开了，人也就不会怨天尤人了，因为我们懂得了反省自己！

生活中，你有没有注意到自己抱怨的语言结构？你是否经常说：

"为什么我父母不是富翁？"

"为什么老板没有让我晋升？"

"为什么我不能受到更多的训练？"

"为什么我没有做到？"

"为什么没人告诉应该这样做？"

"为什么我就是找不到爱我的人？"

……

所有这些"为什么"对你所产生的影响之大让你无法想象后果：这就是它们控制了你的心态和情绪，让你把生命中的很大一部分精力和时间都放在了这样的抱怨之中，长久下去只会加剧你消极心态的增生，害怕自己无价值、无力量，而长久的、无用的抱怨、恐惧会让你失去改变不良处境的信心和勇气，丧失自强不息的能动性。

所以，在生活中，不管现实怎样，你都不应该抱怨，而要靠自己的努力来改变爱抱怨的心态。要学会不再问"为什么"而是开始问"如何"，要想想如何能发挥自己的能力、优点，如何能打开发展的新局面，如何做个会思考、善行动的人，如何能增加成功的可能性，做真正的独立的自己。

要有"闻过则改"的雅量

生活中有很多爱钻牛角尖的人，他们常常固执地坚持自己所谓正确的观点，与人进行着各种各样的"战争"，让人觉得不可理喻。他们常常因为固执的性格给自己带来了不是很好的"结果"。

南怀瑾认为，一个人有主见，有头脑，不随人俯仰，不与世沉浮，这无疑是值得称道的好品质。但是，这要以不固执己见，不偏激执拗为前提。

关羽过五关、斩六将，单刀赴会，水淹七军，是何等的英雄气概，可是他致命的弱点就是不善于克制，固执偏激。当他受刘备重托留守荆州时，诸葛亮再三叮嘱他要"北据曹操，南和孙权"，他不以为然。当吴主孙权派人来见关羽，为儿子求婚，关羽一听大怒，喝道："吾虎女何肯嫁犬子乎！"这本来是一次很好的"南和孙权"的机会，却闹得孙权没脸下台，导致了吴蜀联盟的破裂。最后刀兵相见，关羽也落个败走麦城、被俘身亡的下场。

关羽不但看不起对手，也不把同僚放在眼里，名将马超来降，被封为平西将军，远在荆州的关羽大为不满，特地给诸葛亮去信，责问说："马超的才能比得上谁？"老将黄忠被封为后将军，关羽又当众宣称："大丈夫终不与老兵同列！"关羽目空一切，盛气凌人，对黄忠尚且如此，其他的人就更不放在他的眼里。一些受过他蔑视甚至侮辱的将领对他既怕又恨，以至于当他陷入绝境时，众叛亲离，无人援救，促使他迅速走向灭亡。所以，至今人们还常常以关羽不听忠告、骄傲自大导致其不得善终的故事教育那些自以为是的人。

但很多人并不引以为戒，现实生活中，像关羽这样的"英雄"还是不少的。因此，南怀瑾认为，当别人指出我们的不足、过失或者在我们与别人发生争执时，要学会包容，懂得虚心听取别人的意见，因为这个世界没有什么人始终是正确的，人都在成长，始终是要在不断反思中才能进步的，这是亘古不变并被反复印证了的真理。虚怀若谷，办事才能周全，身边才会有越来越多的朋友。长此以往，人才会不断进步，才会不断完善自己。

老子言"敦兮其若朴，旷兮其若谷"，教导我们做人要"虚怀若谷"，品质敦厚朴实，心胸开阔宽广，像江河在低处容纳百涧之水一样，容得下别人的不同观点，听得进不同的意见，这样才能完善自己的人格，提高自己的修养，才能赢得众人的尊敬。历史上有很多人就是以谦虚谨慎的美名成为大家心目中的高尚之人的。

蒋琬是三国时期著名的政治家、军事家，他在诸葛亮病逝后，当上了丞相，他宽以待人，从不道人之短，也不揭人隐私，同时对于藐视自己或者意见相左的人也总是宽容相待。所以有人称赞他宰相肚里能撑船。

蜀国东曹掾杨戏生性内向，不善于言辞，也有点清高。丞相蒋琬问他话的时候，他常常沉默不语。因此就有人向蒋琬反映，"您与杨戏说话，他沉默不语，这么傲慢，这不是对您的不尊重吗？"

蒋琬听后却笑着回答道："每个人的心不同，就像每个人的表面不同一样。有些人两面三刀，表面遵从而背地里却使坏，这是自古以来最不齿的行为。杨戏大概是不赞成我的意见，但怕我又下不了台，所以沉默不语，他做到了不当场反驳我的看法，又显示我的错误，这不正显得杨戏胸怀宽广吗？"

蜀国督农杨敏曾在背后批评蒋琬道："做事没有把握，一点也比不上前任。"后来有人以此向蒋琬打小报告，请处治杨敏不敬之罪。蒋琬却坦然地表示："我的确不如前人，所以做起事来比较没有把握啊！"

后来，杨敏犯刑事系狱，大家都认为他死定了，但蒋琬反而免其重罪，只处以轻刑。蒋琬审慎、温良、谦恭的一面，比诸葛亮有过之而无不及。蒋琬也因此而备受蜀中百姓爱戴和朝臣拥护。

蒋琬有超凡的气量和管理者的过人才识，与其胸怀宽广很有关系。人有虚怀若谷的气量，便多了一份虚心，多了一份人缘，也多了一份事业成功的保证。但这种"气量"不是天生的，而是在后天学习和修养心性中培养的。

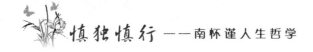

诚然，我们对别人对我们的批评、指责会有不同的态度，假如你是一个自负、自大、心胸狭猛的人，是一个锱铢必较的人，那么你会与批评你的人结越来越多的怨，同时，你的路也会越来越难走；假如你是一个宽厚慈爱的人，是一个虚怀若谷的人，能够勇于改正自己的不足，并认真反省自己的过失，并尽快改正自己的问题，那么你的路将会越走越宽广，你也更加容易走向成功。

所以，我们要常常反思一下自己是否有刚愎自用的毛病，我们要培养自己有"闻过则改"的雅量，其实只要以宽广的胸怀肯听听别人的想法，就能进步，就能获得成功与友谊，就能与周围的人会和谐相处。

"人有不及者，不可以己能病之"

南怀瑾指出，人之相处，不可能没有争端和矛盾，但处理问题的方式却显示着一个人的智慧，处理方式不同，会有不同的结果。像粗鲁莽撞者动辄与人口角或大打出手，刁钻蛮横者以势压人、强词夺理，这都是行不通的。

中华民族几千年的文明，蕴含的是包容谦和的气度，所以，正确处理与人矛盾的方法不是以势压人，更不是指责别人，而是应像明代学者薛有所说："人有不及者，不可以己能病之。"意思是说，看到别人不及自己的地方，不能以自己有这一长处而鄙视人家或者诋毁别人。善意的批评与提醒是必要的，但出发点是希望别人更加完善，而绝非嘲笑与轻视。对待别人的不足，也要善意地给以指出和帮助。同时，多反省，让自己时时处于清醒之态。

一天，张三和李四两个人闲来无事，在屋子里聊天儿。张三对李四说："有个和我一起共事的人，名字叫王五。王五的脾气可暴躁了，动不动就发

173

火，一发起火来可不得了了，又拍桌子又摔东西，搞不好还会打人呢！我们平时都很害怕他，不敢和他争执。其实他就是个大老粗。"李四说："真的吗，果真有这样的人？"

两人正说着，王五正巧从屋外经过，窗子开着，张三的话全都清清楚楚地传到他耳朵里。

王五顿时大发雷霆，面红耳赤，脖子上的青筋一根根地凸现出来。他大步跑到屋门口，气势汹汹地用脚使劲一踹门，门被踢开，冲进屋里，见了张三，一把抓住他的领口，不由分说地照准面门就是重重一拳。张三被打得踉跄着退了好几步，一屁股坐在地上，血从他的鼻子里慢慢流了下来。

王五觉得还不解恨，也不管张三一迭声地叫饶，过去骑在他身上，抬起拳头打个不停。

李四见状，赶忙过去劝解。费尽九牛二虎之力，他终于把王五拉开，问他说："你为什么要打张三呢？"

王五气呼呼地回答说："我哪有性子暴躁的毛病，又什么时候乱发过脾气呢？他这样诬蔑我，我当然要好好教训教训他！"

故事中的王五难道不是张三说的那样吗？

一个人，当与别人发生矛盾时虽然可以暂时以武力制服对方，压制别人，但并不能从心理上赢得对方的尊敬。当被人说长道短时，虽然别人可能有问题，但首先要想想自己。一位著名的学者曾说："如果我们自身毫无缺点的话，就不会以如此大的兴趣去注意别人的缺点。我们应该多反省自己，更加慎重地看待别人的错误，这么做才会大有收获。"这话非常值得深思。假如有人说了一句你认为错误的话，你不妨这样说："是这样的！我倒另有一种想法，但也许不对。我常常会弄错，如果是我弄错了，我很愿意被纠正过来。我们来看看问题的所在吧。"这么做效果或许会更好。或许我们可以用这种句子："我也许不对。我常常会弄错，我们来看看问题的所在。"这么做也会得到神奇的效果。因为无论什么场合，没有人会反对你说"我也许不对。我们来看看问题的所在。"

严于律己、宽以待人是一个人有知识、有修养的表现，也是搞好交往必不可缺少的基础。以宽容态度待人，是以理解为基础的，而以客观的态度给人评价，会使我们从别人身上看到自己所没有的优秀之处，又能使他人对我们的缺点错误抱一种善意的态度，并予以充分的谅解。

严于律己、宽以待人知易行难，因为严于律己，就是要高标准严格要求自己，注意不去伤害别人，出现问题时能主动承担责任，发生口角时进行自我批评，尽量把方便让给别人；宽以待人，就是要能够忍受各种误解和委屈而毫无怨恨之心，就是能以德报怨而不计较别人以怨报德的行为。

有这样一个故事对我们或许会有所启示：

一个乐于助人的青年遇到了困难，想起自己平时帮助过许多朋友，他于是去找他们求助。

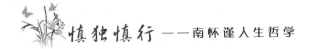

然而对于他的困难，朋友们全都像视而不见、听而不闻似的。

真是一帮忘恩负义的家伙！他怒气冲冲地回家了。他的愤怒是如此地强烈，以至于无法自己排遣，百般无奈，他去找一位智者。

智者说："助人是好事呀，然而你却把好事做成了坏事。"

"为什么这样说呢？"他大惑不解。

智者说："首先，你开始就缺乏识人之明，有些没有感恩之心的人是不值得帮助的，你却不分青红皂白地帮助，这是你的眼浊。其次，是你手浊。假如你在帮助他们的时候同时也培养他们的感恩之心，不致让他们觉得你对他们的帮助天经地义，事情也许不会发展到这步田地，可是你没有这样做。第三，是你心浊。在帮助他人的时候，你应该怀着一颗平常心，不要时时觉得自己在行善，觉得自己在物质上和道德上都优越于他人，你应该只想着自己是在做一件力所能及的事。你帮助别人，是心甘情愿的，他人不帮助你，也很正常，因为他人没有帮助你的义务。"

这个故事有点"玄学味道"，但对我们仍有启发之意，让我们明白了帮助他人不要太记于心，也说明了有时我们把"好事"做成了"坏事"的原因。愿意帮助别人，并在需要的时候希望自己得到别人的帮助，这种想法无可非议；但我们不能总是用自己的标准去要求别人，而且还总是自以为是，其实每个人都有自己的想法和观念，我们应该做的就是要尊重他人的自由权利和习惯，能够有原谅对方缺点的胸怀，同时要有融合自己与他人的不同之处，做一个肯理解、肯容纳他人优点和缺点的人，而这需要平常心态。平常心态太难做到了。有时就像有了缺点不应该忌讳别人说，有则改之；当自己无端受人指责，不要生气，更不要与人口角。而没有错，无则加勉，这才是正确对待"批评"的良策，这样才能让自己更成熟。

任何事上，我们应该为人处事多从自己身上找原因，这样才能理解他人，包容他人。

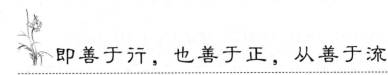

即善于行，也善于正，从善于流

我们的成长，是在不停的改过自新中进步。南怀瑾曾拿人生病与人有过失相比。他认为人的一生，生病是难免的，有病就要吃药，长了瘤子就要动手术。如果怕苦怕疼，听任瘤子越长越大，最终付出的代价，就可能是整个生命。同样道理，过失、缺点，也如同我们身上的毒瘤，对它，也必须有敢于动刀子的勇敢精神。人犯了错误并不可怕，可怕的是有了错误之后为了"面子"不敢坦诚面对的错误态度。

歌德的名作《浮士德》家喻户晓。

在欧洲 18 世纪的传说中，有一位精通"魔术"的浮士德，为了获得知识和权力，他向魔鬼出卖了自己的灵魂。浮士德渴望生活，渴望人生的探索，为此，他虽明明知道靡菲斯特是个魔鬼，还是经不住他的诱惑，以把灵魂出卖给他为条件，在他的引导下，去经历人生的各种境界。但直到生命的尽头，他才领悟，人的自由和为之不断的渴望而努力，才是人生的价值所在。

歌德写的《浮士德》，是一个具有普遍意义的典型，是他对人生的思考。事实上，我们每个人都有可能会成为某种意义上的浮士德。由于每个人的人生都是一个未知数，因此，生活对于我们来说，本身就是一个巨大的诱惑体。上天没有给任何人以俯瞰一切的制高点，于是，人人都必须在人生中摸索前行，循环往复于成败得失之间。而为了走好这趟无法重复的人生历程，不至于到生命的终结时尚未悟出"迷宫"的路径，人必须除了接受代代相传的经验外，还要依靠自己的意志、力量和智慧，在多歧的十字路口前做出明智的选择，并在进入了误区之后，冷静地判断，尽早地省悟。所以，走人生的长路，要善于体验，善于总结；既善于行，也善于止。换句话说，就是要善于改过迁善。

唐太宗李世民之所以被公认为圣明之君，并不是因为他个人的才能真的足以使他在几十年的君主统治期内让唐王朝达到繁盛，他最突出的优点，就在于知人而善纳谏，集众人的智慧而修其政举。

魏征与李世民之间的故事民间流传着很多佳话，除魏征以外，劝李世民为善的官员，以及李世民从善如流的事例，史不绝书。

比如侍御史柳范不但弹劾李世民的爱子吴王恪畋猎伤民，而且面折李世民本人，说他"好无度出猎"，致李世民"大怒，拂袖而出"，但后来李世民还是承认确有此事，对柳范的批评表示接受，对出猎这件事大大收敛。

又如，李世民刚即位，就下令修建洛阳行宫，给事中张玄素对他说：

"十年以前，是你平定了洛阳后把隋朝的宫殿付之一炬，现在唐朝的财力还比不上隋代，而你却仿效隋代大建宫殿。这样看来，你竟连隋炀帝也比不上了！"面对这样尖锐的指责，李世民虽然面有怒色，但最终却也点头承认说："吾思之不熟，乃至于是！玄素所言诚有理，宣即为之罢役，后日或以事至洛阳，虽露居亦无伤也。"这是多么难能可贵的从善如流的品质！

李世民是历代皇帝"知耻即为勇"的一个典范。应该说，一个人只有具备了改过迁善的能力，他才可以算是一个有自我意识的人，一个在完整意义上精神健全的人，就像一个人的肌体假如是健康而正常的话，他必定会具备吐故纳新、自我调节的功能一样。所以，一个精神健康、心理健康的人，必定是一个善于自我调节行为的人。《论语》中言："君子之过也，如日月之食焉：过也，人皆见之；更也，人皆仰之。"意思是说，君子的过错，就像日食月食一样：有过错时，人人都看得见；改正的时候，似乎很难，于是人人都仰望着"天上的错误"。日食月食的时候，太阳月亮暂时好像被黑影遮住了一样，但最终却掩盖不了太阳月亮的光辉。君子有过错也是同样的道理。有过错时，虽像日食月食，暂时有污点，有阴影；一旦承认错误并改正错误，君子原本的人格光辉又焕发了出来，依然不失为君子的风度。

常言道："智者千虑，必有一失。"人再聪明也有犯错误的时候。但犯了错误不可怕，就怕犯了错误以后不认错，不改错，不积极地想办法去补救。

人不要怕自己犯错误，也不要为自己老是有"后悔"之事而烦恼。当我们做错事的时候，不要强词夺理不肯承认或者到处去推卸责任，这都是懦夫的表现，只能让你为人不齿或错上加错。人只有养成了正确对待错误的习惯，才能不断战胜自我，从失败走向成功。

勇于对自己的行为负责

南怀瑾认为，人难免做错事情，重要的是如何检讨自我行为，以实际行动表示自己认错改错的诚意。一个人如果不对自己的错误行为或者过失负责，反而会惹出更多的麻烦。因为天地昭昭，是非黑白不容得掺假，透过于人，纵是一时的成功，过后良心的责备也会使人终身不安的。

有这样一个故事或许能让人有所启发：

有一个名医，开了一家私人诊所。他从业20余年，做过上千次手术，从未有过失败。许多人宁可花大价钱，也要请他看病。一天，他接待了一个年轻的女病人，她的症状是小腹经常疼痛。名医经过检查后，发现她的子宫里有一个瘤，需要手术摘除。

手术很快安排好了。名医信心十足：手术室里有最精良的器械，他有过上千次成功手术经验，而这不过是一个小手术而已，根本不可能结束他多年来的全胜纪录！

但是，当他切开女病人的身体后，却发现一件难以置信的事情：子宫里长的不是肿瘤，而是一个胎儿。他心里"咯噔"一下，手僵在那里，豆大的汗珠从额头上冒出来。很显然，由于疏忽大意，他犯了一个愚蠢的错误——一个经验丰富的名医不应该犯的错误。

现在，他有两种选择——一种是：一不做，二不休，将胎儿当成肿瘤摘掉，那么，病人和病人家属将对他感激涕零，他手术成功的纪录又一次取得突破；另一种是：将病人的身体重新缝合，坦率承认自己的失误。这样做的风险是，病人及家属很可能不会原谅他的过失，他将声名扫地，并蒙受重大经济损失。

名医经过几秒钟激烈的心灵挣扎，终于做出了抉择：他小心地缝好病人的身体，然后万分惭愧地对病人家属说："对不起！我看错了，她只是怀孕，并没有长瘤。所幸及时发现，孩子安好，一定能生下一个可爱的小宝宝。"

病人家属哪能容忍自己的亲人白挨一刀呢？他们将名医告得差点儿破产。名医的朋友很为他不值，对他说："你为什么不将错就错呢？那时候都由你说了算，又有谁知道！"名医并不后悔自己当时的抉择。他淡淡地一笑："天知道！"值得庆幸的是，他虽然为这件事蒙受了重大的经济损失，却并没有声名扫地；相反，来找他看病的人比以前更多了，很多人为他的正直诚实交口称赞，信任他的人也越来越多了。

这个故事告诉我们：一个敢于负责任的人，是值得他人尊重的。敢于负责，是诚实的根本，也是良好人际交往的开端。如果不负责任，他人就不会信赖你，也不会与你交朋友，事业就会无从发展，因为在你身上别人看不到任何可以信任之处，你在社会上也就失去了存在的价值。

但认错、改错也是有讲究的，首先需要有诚恳的态度以及改正的勇气。

(1) 诚恳认错，言辞谦恭

诚恳是要发自内心的真诚。光是嘴巴认错，而态度却草率轻浮，这反而会引起对方的反感，对你更加生气。因为，对方往往最在意的是道歉的态度，尤其言辞要谦恭。

《荀子·荣辱》云："与人善言，暖于布帛；伤人之言，深于矛戟。"道歉，要在言辞上表现诚恳，如果口出狂言，只会激起对方更加强烈的反感。

(2) 先认错，再解释

很多人一做错事，便应付地搬出很多理由试图开脱自己，也有人碍于"面子"而不肯认错。殊不知，这样做反而会适得其反。人做错了事，最重要的应是"自己先认错"，只有自己勇于认错，对方才能以"人非圣贤，孰能无过"的宽大气度原谅你。如果不道歉，也不认错，却极力地为自己辩解，反而容易招致对方不谅解。

在真诚地向对方承认自己的不是后，再简明扼要地说明事情的经过和原因，这样对方明了事情的前因后果，也就不会过分怪罪你。

（3）间接过错也要主动承认

有些时候我们不知犯了过错或许别人也不知道，也可能当时并没有直接触犯某人，但肯定会有影响，比如说，不小心泄露了朋友的隐秘之事，这也要主动道歉，以免造成不必要的误会，并要拿出勇气来改正。

（4）不要重复犯错

有些人为自己的过失而坦率地向对方道歉，并得到了对方的谅解后便像了却了一桩心事，但并不引以为戒，这不算是真诚道歉。因为仅仅道歉还不能解决问题，重要的是看今后的行动，今后的行动才是检验道歉是否有诚意的尺子。人要努力做到不犯同样的错误，如果总犯同样的错误，道歉就让人觉得毫无意义。

总之，人存于世，要有最基本的责任心，要敢于担当，勇于对自己的行为负责，这才能称之为真正正直的人。

第七章

常积两种财：

慈爱，善良

将心比心，换位思考

"己所不欲，勿施于人"是孔子在《颜渊》篇里向弟子仲弓阐述仁政时的观点，他把其作为仁的重要组成部分向仲弓推荐。后来，圣人又再次把"己所不欲，勿施于人"作为"恕道"和终身奉行的座右铭推荐给他的高才生子贡。

南怀瑾非常推崇孔子的恕道智慧，他甚至把这种处事法则说成是照亮和谐人际关系的一座灯塔，是打开人生凯旋之门的一把金钥匙。

人们遇事常说："将心比心。"这实际上是说你希望别人怎样对待你，你就要怎样对待别人。而"己所不欲，勿施于人"就是将心比心的具体表现，其基本原则即是首先要为他人着想，其次才为自己着想。

"己所不欲，勿施于人"，意思就是自己不愿意得到的东西，也不要去强加给别人，这是一种把自己和他人对等看待的一种人生观。把别人看成自己，设身处地地为别人着想，自己不喜欢的东西不去强加给别人，这样

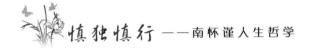

做的人孔子认为离仁德之人就很近了。

推己及人的做法其实做起来是很难的，人本身是非常自私的，自己明明不想的事，却总是不自觉的加诸他人。比如说，丈夫在外面受窝囊气了，怒气冲冲的回家后，家人想安慰一下他，可他却看见谁都像仇人，出口就骂，甚至有时候还会动手。有些人也许会辩解说这是头脑发热，但这就是自己不愿意干的事，仍推到旁人身上，这就是不能推己及人的做法。

在我国汉代的时候，山阳郡有两家人，一家姓萧，一家姓楚。两家是邻居，只隔了一道墙，而且这道墙也不是很高，中间还开了一道门，以方便邻居间的来往，这道门是从来不上锁的。两家人和谐相处，倒也其乐融融。

两家院子里都栽种了瓜，萧家人比较勤劳，每天好几次给瓜浇水、施肥，还有除草，所以他们家的瓜儿长势很好，瓜藤蔓延到楚家的院子里了，枝繁叶茂。而楚家人却不似萧家人那么勤劳，瓜藤管理不善，好长时间仍不见长，而且害虫不时地还会来光顾一下，这与旁边萧家的瓜就构成了很鲜明的对比。楚家人心里很不是滋味，看见旁边萧家的瓜长得那么好，觉得自己太丢面子了，于是他们就想了一个办法，什么办法呢？

有一天夜里，趁萧家人都熟睡之际，他们悄悄地进入萧家院子里，把院子里的瓜藤全部扯断。第二天早上，萧家人发现了这个情况，看见大门门锁仍然是好好的，不像是外面的贼跑进来干的，他们就想到了旁边的好邻居楚家，怀疑是楚家的人干的，但是楚家人却矢口否认，不得已，他们就告到了当地的县衙。县令大人升堂断案，问明情况后，深入调查，确定是楚家人干的。楚家人知道再也抵赖不过，也只好承认了。

萧家人实在气不过，就告诉县令大人，说我们也过去把他们家的瓜藤给扯断就行了。县令大人说："他们这样做当然是不对的，理应受到惩罚，可是，你们既然不愿意他们扯断你们家的瓜藤，那么为什么又想反过去扯断人家的瓜藤呢？别人做了不对的事，我们心里会很气愤，可是，如果我们再跟着学，也像他们那样做不对的事，那就太狭隘了。你们听我的话，从今天起，你们每天晚上在他们睡熟后，去他们家院子里给他们家的瓜藤浇水、施肥，让他们家的瓜也同样长得很好，而且要千万记住，这件事绝对不能让他们知道。"

萧家人听县令这么一说，只好答应照做了，他们每天晚上夜深后就去楚家的院子里，给他们家的瓜藤浇水、施肥，这样一天一天地过去了，楚家的瓜藤长得枝繁叶茂，而且还结出了瓜，楚家人就感到很奇怪，自己也没怎么劳作，怎么瓜长的这么好。经过仔细的调查后，发现是旁边的萧家人做的，他们惭愧之余升起了感激之情。

他们觉得以前那样对旁边的好邻居，实在是他们的不对，而萧家人不但不记仇，还帮着他们照顾瓜藤，他们心里十分感激萧家，于是，他们就约着家里的人一起去给这个好邻居致歉，并表达一下感激之情。萧家人接

受了他们的道歉，从此两家又回复到以前那种和谐的状况，而且关系比起以前更加和乐了。

当我们遇到问题时，不要先去责怪他人或责怪社会，首先应该反观自身，从自己身上找原因，为什么会这样？自己到底有哪些问题等等。真正聪明的人，是懂得去由己推人、体谅别人的人，他们做任何事情总是会把他人的利益放在最有利的方面，看待任何问题，也都是从自身寻找原因，而不会过多地去指责环境、责备他人，他们善于调整自己的感受和态度顺应他人的情感。

"己所不欲，勿施于人"作为做人的"黄金法则"，简单地说，就是要学会去了解别人，多从他人的处境想问题。当然也不是没有底线、没有原则地一概为之。

我们要用爱心去对待身边的人

每个人来到世间，是需要在情感和爱中生活才能体会到幸福的。人人都有想让别人认可和喜欢的天性，很多人苦于自己的善意不能被别人理解，还有些人烦闷周围的人不喜欢自己。那么，怎样让人理解并喜欢呢？

南怀瑾认为，要想让别人喜欢你，你必须具备一个基本的品格。这就是要忠诚、正直和具有爱心。只有你具备了这一基本品格，其他的一切问题也就自然而然地具备了。

有时候，我们可能会觉得人与人之间距离很远，但实际上，人的内心始终是相通的。怜悯之心、关怀之心与爱心——这些人类与生俱来的情愫一直深深地扎根在土壤里，在适当的环境下，它们会像常春藤一样枝枝蔓蔓地生长出来，开出芬芳的花朵……

有一个叫明珠的女孩讲了自己的一段经历，表达了对爱心的理解：

明珠的爸爸是一个很喜欢参加公益活动的人，他常常告诉女儿要用爱

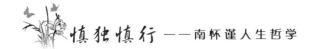
心去对待自己身边的人。不久前，他在为一个食品组织做义工，这个组织经常给偏远地区提供食品、医疗援助和娱乐服务。后来，明珠跟爸爸一起参加了他们的一次日常工作。她在那儿只是简单地给人指示方向、发传单以及引路。那天天气酷热，让人十分疲惫，她一点兴致都没有。坦白地说，她做事并不是很用心，只是敷衍了事。

但是，明珠看到不远处两个女孩子干着跟她一样的工作，却面带笑容，乐此不疲。她们走到看似迷路的人面前，主动询问他们是否需要帮助，而不是等着别人来找她们。她看到第一个女孩彬彬有礼地和一个走起路来都摇摇晃晃的老妇人交谈，然后笑着给她一份传单。而另一个女孩则走向一个穿着邋遢的男人，那人病恹恹的。明珠出于好奇，也走了过去，她听见第二个女孩说道："你好，先生。有什么事情我可以帮你的吗？"先生？先生！！这个女孩跟这个男人说话的语气，就像他是个重要人物似的！明珠想：这简直太荒谬了。我没听错吧？为什么她跟一个貌似街上的流浪汉说话还这么彬彬有礼？

那个女孩真诚地问着答着。突然间，明珠站在那里肃然起敬。因为她体会到一种爱心的力量。当女孩叫那个穿着邋遢的人"先生"的时候，她发现那男人微微抬起下巴，他把肩膀转回去的同时，病恹恹的满布皱纹的脸溢出了光彩。似乎他从对方的关心中体会到尊重，也感觉到被人爱护并且觉得自己很重要。

明珠突然明白了，这就是爱心的体现。

关爱别人并不仅仅是明白他人的需要，还要对这种需要表示出温暖的爱心。关爱别人就是给有需要的人提供所需——甚至在他们太害怕而不敢提出的时候。看到那两个女孩如此真诚地展示她们的爱心，明珠知道自己以后也可以做得更好。

曾任美国邮政部长的詹姆斯·法利也是一个对人友爱、谦虚、不狂妄自大的人，他以自己的爱心去关爱身边的每一个人。

一次，当法利先生和其他演讲者到宾馆去吃午饭的时候，他们在走廊遇到了推着餐车的女服务员，餐车上装载着桌布、毛巾和其他用具。他们绕过餐车走了进去，服务员丝毫没有注意到他们。这时，法利先生向她走了过去，并且伸出手说："嗨，你好，我是詹姆斯·法利。能告诉我你的名字吗？很高兴认识你。"那个女孩显然没有想到尊贵的部长能和自己打招呼，她嘴巴张得大大的，显得十分惊讶，随后，她的脸上绽开了甜美的微笑——因为她体会到了这种轻松的打招呼中的友爱之意。

其实，渴望爱、表达爱是人的本能，爱来自于人内心对生命的感恩。对于父母，要感念双亲生我养我，辛苦栽培，所以一定要多表达爱；对于朋友，要感谢他们在我们身边的陪伴和给予我们的帮助，所以平日里我们也要向他们多表达爱；对于爱人，我们要感动他或她和我们一起在奋斗路上并彼此陪伴，对他们给予我们的支持，我们应该表达爱；对于陌生人，

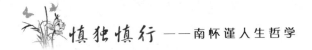

因为我们彼此都生活在这个社会上，我们也应该表达友爱、关爱。

生活中，如果我们愿意花些时间来表现爱心，就能打开自己和他人心灵的天窗，友爱的阳光就会倾泻进来。

在生活中，我们要以爱之心为本，面对万事万物，相互尊重，这样与别人的冲突自然就能减少，家庭自然就会和乐，国家、社会必然能够达到安康祥和的境界。

胸怀大爱，幸福常伴

人生之中不能缺少爱，爱是光明的使者，是幸福的引路人。它像照耀在茫茫人生之海上的一轮红日，也像是百花丛中的一抹绚丽阳光。

爱离不开仁慈、宽厚的胸怀，更是坦率、真诚的情感，也是希望和耐心之源的象征。无数欢快的念头都从爱的呼唤中潮潮而来，暖意融融的欢快幸福之中总有爱的精魂。

南怀瑾认为，只有胸怀着大爱的人，幸福才能时常伴随着他，"爱人者，人恒爱之。"

大禹接受治水的任务时，刚刚结婚。当他想到有人被水淹死时，心里就像自己的亲人被淹死一样痛苦、不安，于是他告别了妻子，率领27万治水群众，夜以继日地进行疏导洪水的工作。在治水过程中，大禹三过家门而不入。最终经过13年的奋战，疏通了9条大河，使洪水流入了大海，消除了水患，完成了流芳千古的伟大业绩。后来，民间流传着这样一首《大禹治水》的民谣：

大禹治水十三年，一心为民解灾难。

实地观测搞调查，团结勤快听意见。

三过家门而不入，废寝忘食沥肝胆。

河道疏通水患灭，灌溉农田万民欢。

到了战国时候，有个叫白圭的人，跟孟子谈起这件事，白圭夸口说："如果让我来治水，一定能比大禹做得更好。只要我把河道疏通，让洪水流到邻近的国家去就行了，那不是省事得多吗?"孟子很不客气地对他说："你错了! 你把邻国作为聚水的地方，结果将使洪水倒流回来，造成更大的灾害。有仁德的人，是不会这样做的。"

从大禹治水和白圭谈治水这两个故事来看，世上有的人只重视眼前的结果，缺乏胸怀天下苍生的大爱。而大禹心怀天下民众，为此他治水时不惜费工费力，把洪水引入大海，这样做既消除了本国人民的灾害，又消除了邻国人民的灾害。这种普济天下的大爱，不是一般人能做到的。

南怀瑾认为，一个人给予别人的幸福和快乐越多，他自己得到的幸福和快乐也就越多;反之，就越少。所以，一个人待人友善，他人必定会以友善相回报。一个仁慈的人身上总会散发出更多的幸福和欢乐。

俗话说，"良言一句三冬暖"，"善言必然导致善行"就是鲜明的例证。生活中你有没有发现，有些貌不惊人、才不出众的人人缘特别好。

有这样一个故事。一个面部有残疾的小女孩，总是笑呵呵的。凡是认识这个小女孩的人都很喜欢她，有人问她："为什么大家都这样喜爱你?"

"我想大概是因为我把每个人都当成自己的亲人，我爱为周围的人做些力所能及的小事的缘故。"

这个女孩的话对我们很有启发意义，的确，我们不一定有什么显赫的地位，也不一定有什么财富，但能帮人则帮人，能付出自己的爱心就应付出自己的爱心。

爱是一种巨大的力量，任何力量都不如它的力量大，没有爱，人类便不能存在。

爱包括每一个善良的举动，每一个善行，生命中有了爱，人们就会变得精神焕发、有生气，新的希望就会油然而生，世界也会变得万紫千红。所以，如果想获得终生的幸福，就必须做一个充满爱心的人，与人为善，努力去帮助别人，这样不仅能在生活中努力发挥自己的作用，也能获得幸福的人生。

人要有"大恩"者的胸襟，有"大德" 者的境界

中国有句俗话："施恩不必图报"，这也是南怀瑾极力推崇的人生智慧。

几年前，曾有一篇这样的报道，说湖北襄樊 5 名受助大学生，由于在受助一年多的时间里，"没有主动给资助者打过一次电话、写过一封信，更没有一句感谢的话，他们的这种冷漠，逐渐让资助者寒心"，因此被取消继续受助的资格。

报道出来后，人们众说纷纭，莫衷一是。诚然，施恩者通过某种方式要求受恩者予以回报，是施恩者的权利，然而，"滴水之恩，当涌泉相报"，应是受恩者的一种自觉行为。但如果施恩者有强烈"索报"的企图，那么，这种"恩惠"便失去了它原有的光辉。

有一位受恩的学生表示，原本他对施恩者怀有深深的感激，并订下了他的回报计划。谁知道，在他大三时，"施恩者"竟给他写了个书面约定，让他毕业后如何回报。这便让他有了受恩于人，不但有经济价码，更有人

情债难还的心理重压。在私下场合，他向友人吐露了自己内心的无奈："早知如此，当初再多的恩惠也不敢要！"

在我们的生活中，这样的事的确有不少。有些人常常把人家为他们办的好事和他们为人家做的事记录下来，以便有机会"扯平"，其实，这样做是极不明智的。帮别人一个小忙，送朋友一件微不足道的东西，如果一天到晚挂在嘴边，仿佛生怕受惠者忘记一般，这不是帮人的真心。

所以无论是谁帮别人忙，最好不要企图报答，更不可对对方回报期望过高。受惠者感激你，是他的本分，是你的福分；不感激你，也是他的"权利"。

战国时期，魏国信陵君窃符救赵之后，赵王为表示对他的感激，亲自出城迎接他，信陵君心中很得意。他的食客唐雎却说："有人恨我，我无法得知，但我恨人，却不可不知；别人有恩于我，不能忘记，但有恩于人，就不能不忘。先生杀了晋鄙，解除邯郸受困的危机，救了赵国，这是大恩，希望你能忘记对赵国的恩惠。如果心里老是记着对别人的恩德，势必带来恩大仇大；而对别人的怨恨不能及时化解，只能给自己带来更多的烦恼。"信陵君听后，果然把自己的骄傲之心收敛了很多，后来赵王要把五座城送给他，他拒不接受。信陵君的这些行为，赢得了赵王的感激，让他在赵国避难长达十年之久。

在施恩时，我们不必一定要图个报答。如果"被报"亦当礼让，心领

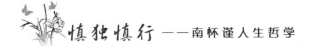

就是；如果"不报"微微一笑，也许是我做得不够好吧；如果被"恶报"，还是一笑了之吧，心胸大些为好。这世界善恶忠奸，终会被人所知，为善为恶，终得其报。

香港慈善家霍英东先生在世时，在大陆为推动各地教育、医疗卫生、体育、山区扶贫、干部培训等方面，不知施了多少恩。然而，霍先生从未曾求取过任何回报。若要说有的话，霍英东先生所求的回报，就是盼望被他"施恩"的地方兴旺发达起来。

有一次，某媒体记者问他一共向内地捐赠了多少钱，他回答不出来，只是谦虚地说："我的捐款，就好比大海里的一滴水，作用是很小的，说不上是贡献，这只是我的一份心意！"

不患得失，自得安宁。作为一名慈善家，霍英东先生除了有"大恩"者的胸襟，更有"大德"者的境界。

其实，感恩不必求回报，帮人也是在助己。我们在帮人的过程中，人脉会得到巩固。今天你帮我，明天我帮他，大家关系才会更加密切。而且，人后一句好，抵得上人前万句夸。人生在世，有些"存款"不是存在银行里的，而是存在人心里的。所以，如果我们总在帮助别人、提携别人，那么由此产生的口碑绝不是用金钱所能衡量得出的。

总之一句话，只要自己为别人帮了忙、尽了力，无愧于心，这就行了。我们又何必算计得那么仔细呢？

以善良的心得体地对待别人的尴尬

南怀瑾在讲述中国传统文化思想时不止一次地提到我们应如何处理自己与别人关系的问题。每个人都或多或少出现过尴尬的场合，在别人出现过失或尴尬时，也是考验其他人人心的机会，从中可以洞见善良的人和阴险刁钻的人态度的截然不同。南怀瑾在诠释其中的哲理时这样告诉人们：社会虽是复杂的，但与人相处的细微之处往往能体现出一个人的人性和品格。

俗语说："济人须济急时无。"当一个人口渴时，你送给他一杯白开水，胜于平时的一杯鲜果汁。所以，当我们处于尴尬境地时，如果别人能体谅我们的处境，适当地给我们圆场、替我们善心解围，往往比一味地冷嘲热讽或冷漠地旁观更能让我们感激和铭记终生。这就是人性的善良，也是一种美德，它能带给我们更多的温暖和友谊。

善良的人总是对自己所爱的、尊敬的朋友，发自内心地关怀他们，期盼他们能幸福安乐。人际关系的原则，便是这种体谅对方的心意、善解人心的表现。

有这样一个故事：

某报社有一位年轻的总编辑，很有才干，心态年轻。

有一次，他忙完稿务，童心大发，竟把椅子叠到办公桌上，爬上去又跳下来，颇感有趣，宛如童年时的游戏。正在这时，门开了，一位老资格的报界权威站在门口，而他正高高地站在桌子上的椅子上，尴尬极了。

"我找总编辑。"

"我就是总编辑。"

"啊哈，您就是吗？怪不得您也爱好这种健身运动。"

那位老报人笑着说："我们报社的同事也是这样练习的，不过您叠的椅子还不够高。我们要多叠一把，一有空我们就在编辑部里跳椅子。"

年轻的总编辑"咚"地跳下来，高兴地握住老报人的手，觉得遇上了知己。其实，他也知道，老报人的编辑部里并无这种游戏，但对方竟能在一瞬间找到适合双方地位、处境，顾及自己自尊心的应变方法，使这位年轻总编辑既感激不尽，又自愧不如，从此两人成了忘年交。

从上面故事中我们可以看出，做人能"雪中送炭"，远胜于"锦上添花"。给人台阶，实际上就是要呵护别人的自尊，使对方感受到你的宽容与善良；而冷静、得体地对待别人的尴尬也是这种善良的表现之一。

现在社会上肯"雪中送炭"的人固然有，"雪上加霜"的人也不在少数。因为人性有善恶的两面，有的人见人危难，奋不顾身地加入"抢救"；有的人袖手旁观，一副事不关己的态度；有的人不仅作壁上观，甚至趁火打劫，发灾难财。试想在公共场合，如果他人的一句话，或一个不恰当的举动，令你万分尴尬，再无人解围，你会做何感想？在公共场合我们出现尴尬并不是件好受的事，因此，替他人解围应成为我们助人的意识之一。

日常生活中，我们也要注意尽量避免引起别人的尴尬。当别人因其他的人或事陷入尴尬境地时，我们也要做出得体的反应。如下几点建议可供参考：

（1）切莫发笑嘲弄，尽量"见惯不惊"

在别人尴尬之时，发出笑声是极不礼貌的举动，也可以说是对别人的侮辱。尽管你在笑时并不存什么恶意的讥讽，但在对方看来，往往会认为是对自己出丑的嘲弄。比如，马路上不小心跌倒、大庭广众下说句错话，或是衣服扣子突然崩掉等等，都是很平常的事，应尽量做到"见惯不惊"，不要贸然发笑，从而给人一个很好的印象。

（2）不要冷眼旁观，尽量帮忙解围

让人尴尬的事总是突如其来，不管你与他是素不相识，还是相知好友，在别人突然陷入尴尬境地的时候，你都该尽可能地伸出援助之手，帮他解围。

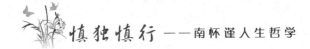

（3）如果不能帮忙，那就"视而不见"

在有些场合，别人尴尬，你不一定能帮上忙，那么，"视而不见"是面对别人出丑时最妥当、最容易让人接受的一种态度。你可以暂时离开，让他人能够无所顾虑地处理这些意外。

（4）如果主角是你，不妨表现得宽容些

生活中，别人会因为无意中伤害到你而感到羞愧万分、左右不是，这时你不妨用恰当的言辞宽容待之。

（5）事后不要传播，别让尴尬加剧

很多人特别看重"面子"，自己的难堪事越少被人知道越好。如果你在这方面不注意的话，就会招致别人的反感。故意传播别人的"囧事"，不是善良人应有的行为。所以，别把别人的尴尬事情当作故事、笑话四处张扬，这是不道德的。作为一个君子，为别人"贴金"而不是背后出人"洋相"、揭别人窘境才是一个有胸怀的人。

总之，上述这些"原则"无非是教你做一个善解人意的人。这些原则不是教条式的，是生活中自然流露出来的爱心。善良之人，一定是能时刻以己之心去体贴别人的难处，顾全他人的内心感受，维护朋友的尊严，所以，他们能以自己的真心实意成为社交中的"高手"。

把握正确的原则，展示良好的礼仪

人与人在社交中有很多方式，虽然千人千面，但要想让别人喜欢你，必须具备很多基本的要素，遵守一定的社交规则。南怀瑾认为，社交规则虽然不是谁强加给谁必须强制遵守的，但却是人们在社会文化和生活传统中在理念上和行为中被彼此认同的基本观点，是根据我们的民族文化传统形成的最基本的为人必备的道德标准和行为方式。

南怀瑾强调，中国人向来遵礼敬礼，大家爱戴和喜欢知书达理的人，这些人被称之为谦谦君子或端庄淑女。

因此，如何表现出得体的礼仪也是社交中的头等大事，有一定的原则。具体地说，如下问题都值得注意：

（1）真诚、尊重的原则

南怀瑾认为，在与人交往时，真诚尊重是礼仪的首要原则，所谓"骗人一次，终身无友"；只有真诚待人才是尊重他人、真心待人的表现。苏格拉底曾言："不要靠馈赠来获得一个朋友，你必须贡献你诚挚的爱，学习怎样用正当的方法来赢得一个人的心。"

真诚是对人对事的一种实事求是的态度，是待人真心实意的友善表现，真诚和尊重首先表现为对人不说谎、不虚伪、不骗人、不侮辱人。其次表现为对于他人的正确认识，相信他人、尊重他人，所谓心底无私天地宽，只有真诚尊重方能使朋友、家人、上级、下属心心相印，友谊地久天长。

在社交场合中，真诚和尊重的表现有许多误区：一种是在社交场合，一味地表现自己的所有真诚，甚至不管对象如何；一种是不管他人是否能接受，凡是自己不赞同的或不喜欢的一味抵制排斥，甚至攻击。另外，如果你不喜欢、不赞同对方的观点，也不必针锋相对地批评他，更不能嘲笑或攻击人，你可以委婉地提出或适度地有所表示或干脆避开此问题。有人以为这是虚伪，其实不然，这是给人留有余地，是一种尊重他人的表现，自然也是真诚和尊重在社交场合中的体现。就像在谈判桌上，尽管对方是你的对手，也应彬彬有礼，这既是礼貌的表现，同时也能显示自己尊重他人的大将风度。

总之，在表现自己真诚对人、尊重他人时切记三点：给他人充分表现的机会，对他人表现出你最大的热情，给对方留有余地。

（2）平等的原则

社交场上，礼仪行为总是表现为双方的，你给对方施礼，自然对方也会相应地还礼于你，这种礼仪施行必须讲究平等的原则。平等是人与人交往时建立情感的基础，是保持良好的人际关系的诀窍。

南怀瑾指出，在平等的交往中，表现为处处时时平等谦虚待人，不我行我素，不自以为是，不厚此薄彼，更不傲视一切，目空无人，更不以貌取人，或以职业、地位、权势压人，是为人的基本，唯有如此，才能结交更多的朋友。

（3）适度的原则

适度交往原则要根据具体情况、具体情境而行相应的礼仪，如在与人交往时，既要彬彬有礼，又不能低三下四；既要热情大方，又不能轻浮谄谀；既要自尊又不能自负；既要坦诚又不能粗鲁；既要信人又不能轻信；既要活泼又不能轻浮；既要谦虚又不能拘谨；既要老练持重又不能圆滑世故。

（4）自信、自律的原则

南怀瑾认为，自信是社交场合中一份很可贵的心理素质，也是一种健康的心理，唯有对自己充满信心，才能在交往中不卑不亢、落落大方，遇到强者不自惭，遇到艰难不气馁，遇到侮辱敢于挺身反击，遇到弱者会伸出援助之手；而一个缺乏自信的人，就会处处碰壁。

自信不是自负。自以为了不起、一贯自信的人，有时会走向自负的极端，凡事自以为是，不尊重他人，甚至强人所难，都是自负不尊重人的表现。

那么如何剔除人际交往中自负的劣根性呢？自律原则是正确处理好自信与自负的又一原则。

自律的原则乃自我约束。在社会交往过程中，人要在心中树立起一种正确的道德信念和行为修养准则，以此来约束自己的行为，严于律己。而实现自我管理，摆正自信的天平，不能没有信心，又不能凡事自以为是或自负高傲。

（5）宽容的原则

宽容作为人际关系中的法宝即是与人为善的原则。在社交场合，宽容是一种较高的境界，南怀瑾认为，"宽容"就是"容许别人有行动和判断的自由，对不同于自己或传统观点的见解耐心公正的容忍"。

我们要宽容他人、理解他人、体谅他人，千万不要求全责备、斤斤计较，甚至咄咄逼人。总而言之，站在对方的立场去考虑一切，是宽容的最好方法。

（6）守信的原则

守信是中华民族的美德，自古就有"民无信不立"、"与朋友交，言而有信"等格言。古往今来，守信是交往第一要务，像与人见面、会见、会谈等，决不应拖延迟到；像与人签订协议、约定或口头答应他人的事一定要说到做到。

守信是言必信，行必果，没有十分的把握就不要轻易许诺他人，因为许诺做不到，反而会落个不守信的名声，甚至可能会永远失信于人。